U0245342

完全自学手册

新手学电脑完全自学手册
（Windows 7 + Office 2010版）

文杰书院　编著

机械工业出版社

本书是"完全自学手册"系列的一个分册，全书以通俗易懂的语言、精挑细选的实用技巧、翔实生动的操作案例全面介绍了电脑操作知识及相关案例，主要内容包括认识电脑、认识键盘和鼠标、Windows 7 基础操作入门、管理电脑中的文件、设置个性化系统、Windows 7 的常见附件、轻松学打字、Word 2010、Excel 2010、PowerPoint 2010、上网浏览、网上聊天与通信、常用的电脑工具软件、电脑的优化与设置、电脑安全与病毒防范等知识。

　　本书面向电脑的初学者，适合无基础又想快速掌握电脑入门操作的读者，也适合广大电脑爱好者及各行各业人员作为自学手册使用，还可作为初中级电脑短训班的培训教材。

图书在版编目（CIP）数据

新手学电脑完全自学手册：Windows 7 + Office 2010版/文杰书院编著 . —2 版 . —北京：机械工业出版社，2016.5（2018.6 重印）
（完全自学手册）
ISBN 978-7-111-53633-8

Ⅰ.①新… Ⅱ.①文… Ⅲ.①Windows 操作系统 - 手册②办公自动化 - 应用软件 - 手册 Ⅳ.①TP316.7-62②TP317.1-62

中国版本图书馆 CIP 数据核字（2016）第 085860 号

机械工业出版社（北京市百万庄大街 22 号 邮政编码 100037）
策划编辑：丁 诚　　责任编辑：丁 诚
责任校对：张艳霞　　责任印制：孙 炜
保定市中画美凯印刷有限公司印刷

2018 年 6 月第 2 版·第 4 次印刷
184mm × 260mm·19.75 印张·485 千字
6901 - 8100 册
标准书号：ISBN 978-7-111-53633-8
定价：59.00 元

前言

现在电脑已经成为人们日常生活、工作和学习中不可或缺的工具。电脑不仅可以用来管理数据、设计图纸和制作动画，还可以用来休闲娱乐等活动。为了帮助初学电脑的用户了解和掌握电脑的使用方法，以便在日常的学习和工作中学以致用，我们编写了本书。

本书根据电脑初学者的学习习惯，采用深入浅出、图文并茂的方式进行讲解。全书结构清晰、内容丰富，主要包括以下几个方面的内容：

1. 了解电脑硬件

第1~2章介绍了电脑的用途与分类、电脑的硬件设备、连接电脑硬件、键盘和鼠标的使用等知识。

2. 电脑的基本操作

第3~10章介绍了设置个性化系统、Windows 7系统常见附件、使用汉字输入法以及Word 2010、Excel 2010、PowerPoint 2010的使用方法等知识。

3. 上网浏览信息与网上聊天

第11~12章全面介绍了连接上网的方法、如何浏览网上信息以及网上聊天工具的使用等知识。

4. 使用常用软件

第13章介绍了常用工具软件的使用方法，包括ACDSee看图软件、暴风影音、压缩软件WinRAR、迅雷下载软件等常用软件。

5. 电脑的维护与优化

第14~15章介绍了保护电脑的方法，包括系统维护、系统还原、使用GHOST进行系统还原和查杀电脑病毒等方法。

本书由文杰书院组织编写，参与本书编写工作的有李军、袁帅、王超、文雪、刘国云、李强、蔺丹、贾亮、安国英、冯臣、高桂华、贾丽艳、李统才、李伟、沈书慧、蔺影、宋艳辉、张艳玲、贾亚军、刘义、蔺寿江等。

我们真切地希望读者在阅读本书之后不仅可以开拓视野，同时也可以增长实践操作技能，并从中学习和总结操作的经验和规律，达到灵活运用的水平。鉴于编者水平有限，书中纰漏和考虑不周之处在所难免，热忱欢迎读者予以批评、指正，以便日后能为读者编写更好的图书。

如果您在使用本书时遇到问题，可以访问网站 http://www.itbook.net.cn 或发邮件至 itmingjian@163.com 与我们交流和沟通。

编　者

目录

前言

| 第1章 | 揭开电脑的神秘面纱 ················· 1 |

1.1 认识电脑硬件 ················· 2
  1.1.1 主机 ················· 2
  1.1.2 显示器 ················· 2
  1.1.3 键盘和鼠标 ················· 3
  1.1.4 音箱 ················· 3
  1.1.5 摄像头 ················· 3
1.2 认识电脑软件 ················· 4
  1.2.1 操作系统软件 ················· 4
  1.2.2 应用软件 ················· 4

1.3 连接电脑硬件设备 ················· 5
  1.3.1 连接显示器 ················· 5
  1.3.2 连接键盘和鼠标 ················· 6
  1.3.3 连接电源 ················· 6
1.4 实践案例与上机操作 ················· 7
  1.4.1 连接打印机 ················· 7
  1.4.2 购买电脑时应注意的事项 ················· 8
  1.4.3 Windows 7 常用组合键 ················· 9

| 第2章 | 用键盘和鼠标控制电脑 ················· 12 |

2.1 认识键盘 ················· 13
  2.1.1 初识键盘 ················· 13
  2.1.2 主键盘区 ················· 13
  2.1.3 功能键区 ················· 15
  2.1.4 数字键区 ················· 15
  2.1.5 编辑键区 ················· 16
  2.1.6 状态指示灯区 ················· 17
2.2 键盘的使用方法 ················· 17

  2.2.1 手指的键位分工 ················· 17
  2.2.2 正确的打字姿势 ················· 18
2.3 认识鼠标 ················· 19
  2.3.1 鼠标的外观 ················· 19
  2.3.2 鼠标的分类 ················· 19
2.4 实践案例与上机操作 ················· 20
  2.4.1 如何处理键盘接口损坏 ················· 20
  2.4.2 鼠标的选购技巧 ················· 20

| 第3章 | Windows 7 基础操作入门 ················· 23 |

3.1 Windows 7 桌面的组成 ················· 24
  3.1.1 桌面背景 ················· 24
  3.1.2 【开始】按钮 ················· 25

  3.1.3 桌面图标 ················· 25
  3.1.4 快速启动工具栏 ················· 26
  3.1.5 任务栏 ················· 26

3.2 桌面管理 …………………… 27
3.2.1 显示或隐藏桌面图标 ……… 27
3.2.2 排列桌面图标 …………… 28
3.2.3 通过【开始】菜单启动程序 …… 29
3.3 桌面小工具 …………………… 29
3.3.1 添加桌面小工具 ………… 29
3.3.2 移动桌面小工具 ………… 30
3.3.3 删除桌面小工具 ………… 30
3.4 Windows 7 窗口的切换 ……… 31
3.4.1 认识 Windows 7 窗口 …… 31

3.4.2 最大化与最小化窗口 ……… 32
3.4.3 关闭窗口 …………………… 32
3.4.4 移动窗口 …………………… 33
3.4.5 调整窗口大小 ……………… 33
3.4.6 在多个窗口之间切换 ……… 34
3.5 实践案例与上机操作 ………… 35
3.5.1 重新启动 Windows ………… 35
3.5.2 添加快捷方式图标 ………… 35
3.5.3 调整任务栏大小 …………… 36

第4章 管理电脑中的文件 …………………………………………… 38

4.1 认识文件和文件夹 …………… 39
4.1.1 磁盘分区和盘符 ………… 39
4.1.2 文件 ……………………… 39
4.1.3 文件夹 …………………… 40
4.2 浏览与查看文件和文件夹 …… 40
4.2.1 浏览文件和文件夹 ……… 40
4.2.2 设置文件和文件夹的显示方式 … 41
4.2.3 查看文件和文件夹的属性 … 42
4.2.4 查看文件的扩展名 ……… 43
4.2.5 打开和关闭文件 ………… 43
4.3 操作文件和文件夹 …………… 44
4.3.1 新建文件和文件夹 ……… 44
4.3.2 新建文件和文件夹的快捷方式 … 45
4.3.3 复制文件和文件夹 ……… 46

4.3.4 移动文件和文件夹 ………… 47
4.3.5 删除文件和文件夹 ………… 47
4.3.6 重命名文件和文件夹 ……… 48
4.4 安全使用文件和文件夹 ……… 49
4.4.1 隐藏文件和文件夹 ………… 49
4.4.2 显示隐藏的文件和文件夹 … 50
4.4.3 加密文件和文件夹 ………… 51
4.5 使用回收站 …………………… 52
4.5.1 还原回收站中的内容 ……… 52
4.5.2 删除回收站中的内容 ……… 53
4.6 实践案例与上机操作 ………… 54
4.6.1 以平铺方式显示文件 ……… 54
4.6.2 以详细信息方式显示文件 … 55
4.6.3 以大图标方式显示文件 …… 56

第5章 设置个性化系统 ……………………………………………… 57

5.1 设置外观和主题 ……………… 58
5.1.1 更换 Windows 7 的主题 …… 58
5.1.2 修改桌面背景 …………… 59
5.1.3 设置屏幕保护程序 ……… 60
5.1.4 设置显示器的分辨率和
刷新率 ……………………… 61
5.2 设置【开始】菜单 …………… 63
5.2.1 更改【电源】按钮的功能 … 63
5.2.2 将程序图标锁定到【开始】
菜单中 ……………………… 64

5.2.3 将【运行】命令添加到【开始】
菜单中 ……………………… 64
5.3 任务栏的设置 ………………… 66
5.3.1 调整任务栏中的程序按钮 … 66
5.3.2 自定义通知区域 …………… 67
5.3.3 更改任务栏的位置 ………… 68
5.3.4 自动隐藏任务栏 …………… 68
5.4 账户管理与安全设置 ………… 69
5.4.1 Windows 7 账户的类型 …… 69
5.4.2 创建新的用户账户 ………… 70

5.4.3 设置账户密码 …………… 71
5.4.4 禁用命令提示符 …………… 71
5.5 实践案例与上机操作 …………… 73
5.5.1 设置系统日期和时间 …………… 73
5.5.2 设置电源计划 …………… 74
5.5.3 删除不需要的用户账户 …………… 76

第6章 应用 Windows 7 的常见附件 …………… 78

6.1 使用写字板 …………… 79
6.1.1 输入汉字 …………… 79
6.1.2 插入图片 …………… 80
6.1.3 保存文档 …………… 81
6.2 使用计算器 …………… 82
6.2.1 使用计算器进行四则运算 …………… 82
6.2.2 使用计算器进行科学运算 …………… 83
6.3 使用画图程序 …………… 85
6.3.1 在电脑中画画 …………… 85
6.3.2 保存图像 …………… 86
6.4 玩游戏 …………… 88
6.4.1 扫雷游戏 …………… 88
6.4.2 空当接龙 …………… 89
6.5 实践案例与上机操作 …………… 90
6.5.1 使用便笺 …………… 90
6.5.2 使用截图工具 …………… 91
6.5.3 使用录音机 …………… 92

第7章 轻松学打字 …………… 93

7.1 输入法管理 …………… 94
7.1.1 添加输入法 …………… 94
7.1.2 删除输入法 …………… 95
7.1.3 切换输入法 …………… 96
7.1.4 设置默认的输入法 …………… 97
7.2 微软拼音输入法 …………… 97
7.2.1 全拼输入单字 …………… 97
7.2.2 简拼输入单字 …………… 98
7.3 五笔输入法 …………… 99
7.3.1 汉字的构成 …………… 99
7.3.2 五笔字根在键盘上的分布 …………… 100
7.3.3 五笔字根助记歌 …………… 100
7.3.4 汉字的拆分原则 …………… 101
7.3.5 输入汉字 …………… 103
7.3.6 输入词组 …………… 105
7.4 实践案例与上机操作 …………… 106
7.4.1 设置输入法的快速启动键 …………… 107
7.4.2 双语输入 …………… 108

第8章 应用 Word 2010 编写文档 …………… 110

8.1 文件的基本操作 …………… 111
8.1.1 新建文档 …………… 111
8.1.2 保存文档 …………… 112
8.1.3 关闭文档 …………… 112
8.1.4 打开文档 …………… 113
8.1.5 将旧版本的文档转换为 Word 2010 文档模式 …………… 115
8.2 输入与编辑文本 …………… 116
8.2.1 输入文本 …………… 116
8.2.2 选择文本 …………… 116
8.2.3 修改文本 …………… 117
8.2.4 删除文本 …………… 118
8.2.5 查找与替换文本 …………… 118
8.3 设置文档格式 …………… 120
8.3.1 设置文本格式 …………… 120
8.3.2 设置段落对齐方式 …………… 121
8.4 在文档中应用对象 …………… 122
8.4.1 插入图片 …………… 122
8.4.2 插入剪贴画 …………… 123
8.4.3 插入艺术字 …………… 124

8.4.4	插入文本框	125	8.6.1	设置纸张大小	132
8.5	绘制表格	125	8.6.2	设置页边距	133
8.5.1	插入表格	125	8.6.3	打印文档	134
8.5.2	调整行高与列宽	126	8.7	实践案例与上机操作	134
8.5.3	合并与拆分单元格	127	8.7.1	将图片裁剪为形状	134
8.5.4	插入与删除行与列	129	8.7.2	使用格式刷复制文本格式	135
8.5.5	设置表格边框和底纹	130	8.7.3	设置分栏	136
8.6	设置与打印文档	132			

第 9 章　应用 Excel 2010 电子表格 ································ 137

9.1	工作簿的基本操作	138	9.4	美化工作表	159
9.1.1	新建与保存工作簿	138	9.4.1	设置表格边框	159
9.1.2	关闭工作簿	139	9.4.2	设置表格填充效果	160
9.1.3	打开工作簿	140	9.4.3	设置工作表样式	161
9.1.4	插入与删除工作簿	141	9.5	计算表格数据	162
9.2	在单元格中输入与编辑数据	143	9.5.1	引用单元格	162
9.2.1	输入数据	143	9.5.2	输入公式	163
9.2.2	快速填充数据	143	9.5.3	输入函数	163
9.2.3	设置数据填充格式	148	9.6	管理表格数据	164
9.2.4	设置字符格式	149	9.6.1	排序数据	164
9.3	单元格的基本操作	150	9.6.2	筛选数据	165
9.3.1	插入与删除单元格	150	9.7	实践案例与上机操作	167
9.3.2	合并与拆分单元格	151	9.7.1	分类汇总数据	167
9.3.3	设置行高和列宽	153	9.7.2	重命名选项卡和组	168
9.3.4	插入与删除行和列	156	9.7.3	使用条件格式突出表格内容	169
9.3.5	设置文本对齐方式	158			

第 10 章　使用 PowerPoint 2010 制作幻灯片 ················ 171

10.1	文稿的基本操作	172	10.3	输入与设置文本	180
10.1.1	创建演示文稿	172	10.3.1	输入文本	180
10.1.2	保存演示文稿	173	10.3.2	更改虚线边框标识占位符	181
10.1.3	关闭演示文稿	173	10.3.3	设置文本格式	182
10.1.4	打开演示文稿	174	10.4	美化演示文稿	183
10.2	幻灯片的基本操作	176	10.4.1	改变幻灯片背景	183
10.2.1	选择幻灯片	176	10.4.2	插入图片	184
10.2.2	插入幻灯片	177	10.5	设置幻灯片的动画效果	185
10.2.3	移动和复制幻灯片	177	10.5.1	选择动画方案	185
10.2.4	删除幻灯片	179	10.5.2	自定义动画	186

10.6 放映幻灯片 ……………… 187
　　10.6.1 从当前幻灯片开始放映 ……… 187
　　10.6.2 从头开始放映幻灯片 ……… 187
10.7 实践案例与上机操作 ……… 188

10.7.1 插入艺术字 ……………… 188
10.7.2 添加幻灯片切换效果 ……… 189
10.7.3 插入动作按钮 …………… 190

第 11 章　网上浏览 ………………………………………………… 192

11.1 连接上网的方法 …………… 193
　　11.1.1 什么是互联网 …………… 193
　　11.1.2 建立 ADSL 宽带连接 ……… 193
11.2 认识 IE 浏览器 …………… 196
　　11.2.1 什么是 IE 浏览器 ………… 196
　　11.2.2 启动与退出 IE 浏览器 …… 196
　　11.2.3 IE 浏览器的工作界面 …… 197
11.3 如何浏览网上信息 ………… 198
　　11.3.1 输入网址打开网页 ……… 198
　　11.3.2 使用超链接打开网页 …… 199
11.4 保存网上资源 …………… 200
　　11.4.1 保存网页 ………………… 200
　　11.4.2 保存网页上的文本 ……… 201
　　11.4.3 保存网页上的图片 ……… 202
11.5 收藏夹的使用 …………… 203

11.5.1 将喜欢的网页添加至收藏夹 … 203
11.5.2 打开收藏夹中的网页 ……… 204
11.5.3 删除收藏夹中的网页 ……… 205
11.6 使用百度搜索引擎 ………… 205
11.6.1 在网上搜索资料信息 ……… 205
11.6.2 搜索图片 …………………… 206
11.6.3 搜索百度百科知识 ………… 207
11.6.4 查找地图 …………………… 209
11.6.5 使用搜索引擎翻译 ………… 210
11.6.6 查询手机号码归属地 ……… 211
11.7 实践案例与上机操作 ……… 211
11.7.1 设置浏览器安全级别 ……… 211
11.7.2 百度网的高级搜索功能 …… 212
11.7.3 输入网址打开网页 ………… 213

第 12 章　网上聊天与通信 ………………………………………… 215

12.1 安装麦克风与摄像头 ……… 216
　　12.1.1 语音、视频聊天硬件设备 …… 216
　　12.1.2 安装及调试麦克风 ……… 217
　　12.1.3 安装摄像头 ……………… 219
12.2 使用 QQ 网上聊天前的准备 … 220
　　12.2.1 下载与安装 QQ 软件 …… 220
　　12.2.2 申请 QQ 号码 …………… 223
　　12.2.3 设置密码安全 …………… 225
　　12.2.4 登录 QQ ………………… 228
　　12.2.5 查找与添加好友 ………… 229
12.3 使用 QQ 与好友聊天 ……… 233
　　12.3.1 与好友进行文字聊天 …… 233

12.3.2 与好友进行语音、视频聊天 … 234
12.3.3 使用 QQ 向好友发送图片和
　　　　 文件 …………………… 236
12.4 收发电子邮件 …………… 239
12.4.1 申请电子邮箱 ……………… 239
12.4.2 登录电子邮箱 ……………… 240
12.4.3 撰写并发送电子邮箱 ……… 241
12.4.4 接收并阅读电子邮箱 ……… 242
12.5 实践案例与上机操作 ……… 243
12.5.1 接收并阅读电子邮箱 ……… 244
12.5.2 加入 QQ 群 ………………… 244
12.5.3 下载群文件 ………………… 246

第 13 章　常用的电脑工具软件 …………………………………… 248

13.1 看图软件——ACDSee ……… 249

13.1.1 浏览图片 …………………… 249

13.1.2 转换图片格式 ······ 250
13.1.3 创建电子相册 ······ 252
13.1.4 制作屏幕保护 ······ 257
13.2 酷狗音乐 258
13.2.1 播放声音文件 ······ 258
13.2.2 向播放列表中添加声音文件 ··· 259
13.2.3 使用酷狗软件搜索并播放
文件 ······ 260
13.2.4 创建播放列表 ······ 260
13.3 暴风影音 261
13.3.1 使用暴风影音播放电脑中的
视频 ······ 261

13.3.2 全屏播放视频 ······ 262
13.3.3 设置显示比例/尺寸 ······ 263
13.4 压缩软件——WinRAR ······ 263
13.4.1 压缩文件 ······ 263
13.4.2 带密码压缩 ······ 265
13.4.3 解压缩文件 ······ 266
13.5 下载软件 ······ 267
13.6 实践案例与上机操作 ······ 269
13.6.1 删除酷狗播放列表中的音乐 ··· 269
13.6.2 给酷狗音乐盒更换皮肤 ······ 270
13.6.3 设置酷狗音乐盒的播放模式 ··· 270

第 14 章 电脑的优化与设置 ······ 272

14.1 加快开机速度 ······ 273
14.1.1 调整系统停留启动的时间 ······ 273
14.1.2 设置开机启动项目 ······ 274
14.2 加快系统运行速度 ······ 275
14.2.1 禁用无用的服务组件 ······ 275
14.2.2 设置最佳性能 ······ 277
14.2.3 磁盘碎片整理 ······ 279
14.3 使用工具优化电脑 ······ 280

14.3.1 使用 Windows 优化大师优化
系统 ······ 280
14.3.2 使用 360 安全卫士优化系统 ··· 281
14.4 实践案例与上机操作 ······ 283
14.4.1 使用任务计划程序 ······ 283
14.4.2 使用 Windows 优化大师优化文件
系统 ······ 285

第 15 章 电脑安全与病毒防范 ······ 287

15.1 360 杀毒软件的应用 ······ 288
15.1.1 全盘扫描 ······ 288
15.1.2 快速扫描 ······ 289
15.1.3 自定义扫描 ······ 290
15.1.4 宏病毒扫描 ······ 291
15.1.5 弹窗拦截 ······ 292
15.1.6 软件净化 ······ 293
15.2 Windows 7 系统备份与还原 ··· 295
15.2.1 系统备份 ······ 295

15.2.2 创建系统还原点 ······ 296
15.2.3 系统还原 ······ 298
15.3 使用 Windows 7 防火墙 ······ 299
15.3.1 启用 Windows 防火墙 ······ 299
15.3.2 设置 Windows 防火墙 ······ 300
15.4 实践案例与上机操作 ······ 301
15.4.1 关闭自动更新功能 ······ 301
15.4.2 使用 360 安全卫士给电脑进行
体检 ······ 302

第1章
揭开电脑的神秘面纱

本章内容导读

本章主要介绍电脑的基础知识,包括电脑的软、硬件系统,以及组装电脑硬件设备的基本方法。通过本章的学习,读者可以初步了解有关电脑的知识,为进一步学习和使用电脑奠定了基础。

本章知识要点

☑ 认识电脑软件
☑ 连接电脑硬件设备

本节导读

电脑由硬件系统和软件系统组成。电脑的硬件系统包括显示器、主机、键盘和鼠标等设备，本节将一一介绍。

1.1.1　主机

主机是电脑中的一个重要组成部分，电脑内部的所有资料都存放在主机中。主机内安装着电脑的主要部件，如电源、主板、CPU、内存、硬盘、光驱、声卡和显卡等，如图1-1所示；机箱是主机内部部件的保护壳，外部显示常用的一些接口，如电源开关、指示灯、USB接口、电源接口、鼠标接口、键盘接口、耳机插口和麦克风插口等，如图1-2所示。

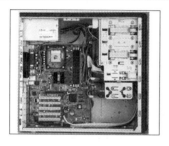
图1-1

图1-2

1.1.2　显示器

显示器也称监视器，用于显示电脑中的数据和图片等，是电脑中重要的输出设备之一。按照工作原理不同可以将显示器分为CRT显示器和LCD显示器，图1-3所示为CRT显示器，图1-4所示为LCD显示器。

图1-3

图1-4

1.1.3　键盘和鼠标

键盘是电脑的输入设备之一，用于将文本、数据和特殊字符等资料输入到电脑中。键盘中的按键数量一般在 101 个至 110 个之间，通过紫色接口与主机相连。鼠标也是电脑的输入设备之一，用于将指令输入到主机中。目前比较常用的鼠标为三键光电鼠标。图 1-5 所示为常用的键盘和鼠标。

图 1-5

1.1.4　音箱

音箱是电脑的声音输出设备之一，常见的音响为组合式音响，其使用方便，一般连接电脑上就可以直接使用，如图 1-6 所示。

图 1-6

1.1.5　摄像头

摄像头是一种视频输入设备，用户可以使用摄像头进行视频聊天、视频会议等交流活动，同时可以通过摄像头进行视频监控等操控工作，如图 1-7 所示。

图 1-7

本节导读

电脑的软件系统包括操作系统软件和应用软件，通过操作系统软件可以维持电脑的正常运转，通过应用软件可以实现特定的功能，如处理数据、图片、声音和视频等，本节将介绍软件方面的知识。

1.2.1 操作系统软件

操作系统软件负责管理系统中的独立硬件，从而使这些硬件能够协调的工作。操作系统软件由操作系统和支撑软件组成，操作系统用来管理软件和硬件的程序，包括 DOS、Windows、Linux 和 UNIX OS/2 等，如图 1-8 所示；支撑软件用来支持软件开发与维护，包括环境数据库、接口软件和工具组等，如图 1-9 所示。

图 1-8

图 1-9

1.2.2 应用软件

应用软件是解决具体问题的软件，如编辑文本、处理数据和绘图等，由通用软件和专用软件组成。通用软件是指广泛应用于各个行业的软件，如 Office、AutoCAD 和 Photoshop 等，如图 1-10 所示；专用软件是指为了解决某个特定问题开发的软件，如会计核算和订票软件等，如图 1-11 所示。

图 1-10

图 1-11

1.3 连接电脑硬件设备

本节导读

在电脑主机箱的背面有许多电脑部件的接口，如显示器、电源、鼠标和键盘等，通过这些接口可将硬件安装到主机中。本节将介绍连接电脑设备的方法，如连接显示器、连接键盘和鼠标等。

1.3.1 连接显示器

显示器是电脑中重要的输出设备，将其与主机相连后才能显示主机中的内容。下面将介绍连接显示器的操作方法。

图 1-12

01 连接信号线插头

将显示器与主机的连接信号线插头对应插入主机的显示器接口，如图 1-12 所示。

图 1-13

02 拧紧螺丝

No1 将显示器信号线右侧的螺丝拧紧。

No2 将显示器信号线左侧的螺丝拧紧，如图 1-13 所示。

图 1-14

03 连接电源

将显示器的电源线插头插入电源插座中，通过以上方法即可完成连接显示器的操作，如图 1-14 所示。

1.3.2　连接键盘和鼠标

键盘和鼠标是电脑中重要的输入设备，将键盘和鼠标与主机相连后才可正常使用，下面将介绍连接键盘和鼠标的操作方法。

图 1-15

01 连接键盘

将键盘的插头插入主机背面的紫色端口中，如图 1-15 所示。

图 1-16

02 连接鼠标

将鼠标的插头插入主机背面的绿色端口中，通过以上操作即可完成连接鼠标的操作，如图 1-16 所示。

1.3.3　连接电源

电源即电源线，是传输电流的电线。电源用于提供电能，连接好电源后电脑才能正常开启并运转。下面介绍一下将电源线连接到电脑主机的操作方法。

图 1-17

01 插入电源线

将电源线与主机电源端口相连并将电源线插入到机箱内，如图 1-17 所示。

图 1-18

02 连接插座

将电源线的另一端与插座相连，完成以上操作即可将电源线连接到电脑主机上，如图 1-18 所示。

连 接 音 箱

将音箱信号线插头插入电脑主机箱背后的信号输出接口，再将电源线连接到电源插座中即可完成连接音箱的操作。

Section 1.4 实践案例与上机操作

本章导读

通过本章的学习，用户可以掌握电脑的用途，并对电脑的组成和连接电脑设备的方法有所了解，下面通过几个实践案例进行上机操作，以达到巩固学习、拓展提高的目的。

1.4.1 连接打印机

打印机（Printer）是计算机的输出设备之一，用于将计算机处理结果打印在相关介质上。使用打印机可以将数码照片、文稿、表格或图形等内容呈现在纸张上，从而便于使用或保存。

打印机的安装一般分为两个部分，一个是打印机和电脑的连接，另一个就是在操作系统里面安装打印机的驱动程序。下面介绍连接打印机的方法。

图 1-19

01 将插头插入插口

将打印机信号线一端的插头插入打印机接口中，如图 1-19 所示。

图 1-20

02 将信号线连接到主机中

将打印机信号线另一端的插头插入主机背面的 USB 接口中，并将打印机一端的电源线插头插入打印机背面的电源接口中，将另一端插在电源插座上，即可完成连接打印机的操作，如图 1-20 所示。

1.4.2 购买电脑时应注意的事项

在购买电脑硬件设备时，用户需要具备采购电脑硬件设备的相关知识和技巧。本节将介绍几点采购电脑硬件设备时的技巧和知识。

1. 选购主板

主板作为电脑系统中各大部件的载体，CPU、内存、显卡、声卡和网卡等设备都要安装在主板上，同时主板还为打印机、扫描仪等外部设备提供了接口。优秀的主板无论做工还是用料都非常讲究，好的主板线路板光滑、没有毛刺，各接口处焊点结实饱满，主板上的参数、数据标注清晰。因此，大家在选购主板时应分清主板的使用平台、芯片组和主板布局等，选择知名品牌的主板，这样可以保证主板的品质，如图 1-21 所示。

2. 选购 CPU

在已经确定好 CPU 的使用平台后，CPU 的选择非常重要。首先需要注意当前选择的 CPU 所使用的 CPU 接口是否与当前所选择主板上的 CPU 接口兼容。若兼容，再关注 CPU 的性能指标，如型号、主频、外频、前端总线频率、CPU 的位与字长、倍频、缓存、CPU 扩展指令集、CPU 内核和 I/O 工作电压等。

在 CPU 的各项性能指标中应首先注意 CPU 的主频、外频、位（如 32 位和 64 位）和核心数量等。最新生产的 CPU 一般为多核心、多线程的处理器，多核心不等于多个 CPU，但是为了得到更好的使用体验，用户应至少选择同型号参数下的双核或双核以上的 CPU，如图 1-22 所示。

图 1-21

图 1-22

3. 选购内存

内存容量和内存的工作频率会直接影响用户使用电脑时的使用体验，应根据实际需求来选择内存大小和内存的工作频率。需要注意的是台式机内存和笔记本内存所使用的内存插槽不同，不同型号的内存插槽也不相同，应选择主板支持的内存型号。目前市场上可以购买到 DDR2、DDR3 和 DDR4 等型号的内存，台式机的内存大部分为 DDR3 内存，图 1-23 所示为台式机用的 DDR3 内存条。

图 1-23

4. 选购常用的电脑配件

用户根据需求可能还需要购买其他的电脑配件，如音箱、摄像头和耳麦等。

在选购音箱时需要注意音箱的信噪比、灵敏度、阻抗、品牌等；在选购摄像头时应注意摄像头的感光元件、像素、色彩还原度和捕捉速度等；在选购耳麦时需要注意耳麦的结构、产品性能指标、质量等。

1.4.3 Windows 7 常用组合键

本节将详细介绍 Windows 7 常用的键盘组合键。

1. 打开资源管理器

在 Windows 7 桌面环境下的任意窗口内，在键盘上按下【Windows】 ⊞ +【E】组合键就可以实现快速打开资源管理器窗口的操作。

2. 打开运行对话框

在 Windows 7 桌面环境下的任意窗口内，在键盘上按下【Windows】█ +【R】组合键就可以实现快速打开运行对话框的操作。

3. 打开任务管理器

在 Windows 7 桌面环境下的任意窗口内，在键盘上按下【Ctrl】+【Alt】+【Delete】组合键就可以实现快速打开任务管理器窗口的操作。

4. 切换窗口

在 Windows 7 桌面环境下的任意窗口内，在键盘上按住【Alt】键并连续按下【Tab】键就可以实现在已打开的窗口间随意切换的操作，但是不能切换到已关闭的窗口。

5. 快速查看属性

在 Windows 7 桌面环境下的系统桌面或任意资源管理器内，在键盘上按下【Alt】键，同时用鼠标指针选中用户所要查看文件属性的文件，双击鼠标，就可以快速查看文件属性；或用鼠标选中用户所要查看文件属性的文件，按下【Alt】+【Enter】组合键也可以快速查看文件属性。

6. 显示桌面

在 Windows 7 桌面环境下的任意窗口内，按下【Windows】█ +【D】组合键可以实现快速切换到 Windows 系统桌面的操作，再按下【Windows】█ +【D】组合键可以实现快速切换回之前窗口的操作。

7. 关闭当前窗口或退出程序

在 Windows 7 桌面环境下的任意窗口内，按下【Alt】+【F4】组合键可以实现快速关闭当前窗口或退出当前程序的操作。

8. 用另一种方法打开【开始】菜单

除了在键盘上直接按下【Windows】键和用鼠标单击【开始】按钮⚫这两种实现快速打开【开始】菜单的操作以外，在 Windows 7 桌面环境下的任意窗口内，按下【Ctrl】+【Esc】组合键同样可以实现快速打开【开始】菜单的操作。

9. 打开搜索窗口

在 Windows 7 桌面环境下的任意窗口内，在键盘上按下【Windows】█ +【F】组合键就可以实现快速打开搜索窗口的操作。

10. 回到登录窗口

在 Windows 7 桌面环境下的任意窗口内，在键盘上按下【Windows】█ +【L】组合键就可以实现锁定计算机，回到登录窗口的功能。

11. 最小化当前窗口

在 Windows 7 桌面环境下的任意窗口内，在键盘上按下【Windows】 +【M】组合键就可以实现最小化当前窗口的功能。

12. 重命名选中项目

在 Windows 7 桌面环境下的任意窗口内，在键盘上按下【F2】键就可以实现重命名选中项目的功能。

13. 关闭当前项目或退出当前程序

在 Windows 7 桌面环境下的任意窗口内，在键盘上按下【Alt】+【F4】组合键就可以实现关闭当前项目或退出当前程序的功能。

第2章

用键盘和鼠标控制电脑

本章内容导读

本章主要介绍键盘和鼠标的相关知识，包括初识键盘、键盘的使用方法；初识鼠标，还讲解了正确的键盘指法、正确的打字姿势、正确的击键方法和正确把握鼠标的方法等。通过本章的学习，读者可以掌握键盘和鼠标的有关知识以及使用方法，为深入学习并使用电脑奠定了基础。

本章知识要点

- ☑ 认识键盘
- ☑ 键盘的使用方法
- ☑ 认识鼠标

Section
2.1 认识键盘

键盘是电脑最重要的输入设备之一，其硬件接口有普通接口和 USB 接口。键盘主要分为主键盘区、功能键区、编辑键区、数字键区和状态指示灯区 5 个部分，本节将详细介绍键盘的组成部分。

2.1.1 初识键盘

键盘广泛应用于电脑和各种终端设备上。电脑操作者通过键盘向电脑输入各种指令、数据来指挥电脑工作。键盘主要分为主键盘区、功能键区、编辑键区、数字键区和状态指示灯区 5 个部分，本节将详细介绍键盘的各个组成部分，如图 2-1 所示。

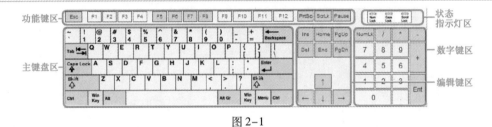

图 2-1

2.1.2 主键盘区

主键盘区主要用于输入字母、数字、符号和汉字等，分别由字母按键 26 个、控制按键 14 个、符号按键 11 个和数字按键 10 个组成，下面详细介绍主键盘区的组成部分及功能，如图 2-2 所示。

图 2-2

1. 符号键

符号键位于主键盘区的两侧，包括 11 个键，直接按下符号键可以输入键面下方的符号，在键盘上按下【Shift】键的同时单击数字键可以输入键面上方显示的符号，如图 2-3 所示。

图 2-3

2. 字母键

字母键包括【A】~【Z】共 26 个英文字母键，主要用于在电脑中输入英文字符或汉字等内容，如图 2-4 所示。

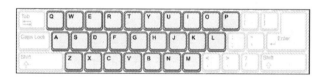

图 2-4

3. 数字键

在主键盘的上方有 0~9 共 10 个数字键，用于输入数字，如图 2-5 所示。在输入汉字时需要配合数字键来选择准备输入的汉字。

图 2-5

4. 控制键

控制键位于主键盘区的下方和两侧，包括 14 个键，主要用于执行一些特定操作，如图 2-6 所示。

图 2-6

- 【Tab】键：制表键，位于键盘左上方。按下此键可使光标向左或者向右移动一个制表的位置（默认为 8 个字符）。
- 【Caps Lock】键：大写字母锁定键，位于键盘左侧，用于切换英文字母的大小写输入状态。
- 【Shift】键：上档键，共有两个，位于字母键的两侧，用于输入符号键和数字键上方的符号。若与字母键组合使用，则输入的大小写字母与当前键盘所处的状态相反；若与数字键或者符号键组合，则输入键面上方的符号。
- 【Ctrl】键：控制键，共有两个，分别位于主键盘区的左下方和右下方。控制键不能单独使用，必须与其他键组合使用才能完成特定功能。
- 【Alt】键：转换键，共有两个，位于主键盘区的下方。转换键不能单独使用，必须与其他键组合使用才能完成特定功能。
- 【Space】键：空格键，位于键盘下方，是键盘上最长的按键，用来输入空格。
- 【Back Space】键：退位键，位于主键盘区的右上方，用于删除光标左侧的字符。按下此键后光标向左退一格，并删除光标前的一个字符。
- 【Enter】键：回车键，位于退位键的下方，用于结束输入行，并将光标移到下一行。
- 键：Windows 键，共有两个，位于主键盘区的下方，用于打开 Windows 操作系统的【开始】菜单。
- 键：快捷菜单键，位于主键盘区的左下方，按下此键会弹出一个快捷菜单，相当于在 Windows 环境下单击鼠标右键弹出的快捷菜单。

2.1.3 功能键区

功能键区位于键盘的上方，由 16 个按键组成，主要用于完成一些特定的功能，如图 2-7 所示。

图 2-7

- 【Esc】键：取消键，用于取消或中止某项操作。
- 【F1】键 ~ 【F12】键：特殊功能键，被均匀地分成三组，为一些功能的快捷键，在不同软件中有不同的作用。一般情况下，【F1】键常用于打开帮助信息。
- 【Power】键：电源键，用于直接关闭电脑。
- 【Sleep】键：休眠键，按下此按键可使操作系统进入休眠状态。
- 【Wake Up】键：唤醒键，用于将系统从"睡眠"状态中唤醒。

2.1.4 数字键区

数字键区即小键盘区，位于键盘右侧，共包括 17 个键位，用于输入数字以及加、减、乘和除等运算符号，如图 2-8 所示。数字键区有数字键和编辑键的双重功能，当在键盘上按下【Num Lock】键锁定数字键区后，数字键区的按键具有键面下方显示的编辑键的功能。

图 2-8

2.1.5 编辑键区

编辑键区位于主键盘区的右侧，由 9 个编辑按键和 4 个方向键组成，主要用来移动光标和翻页，如图 2-9 与图 2-10 所示。

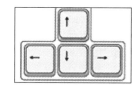

图 2-9   图 2-10

- ➤ 【Print Screen】键：屏幕打印键，按下该键屏幕上的内容即被复制到内存缓冲区中。
- ➤ 【Scroll Lock】键：滚屏锁定键，当电脑屏幕处于滚屏状态时按下该键可以让屏幕中显示的内容不再滚动，再次按下该键则可取消滚屏锁定。
- ➤ 【Pause Break】键：暂停键，按下此键可以暂停屏幕的滚动显示。
- ➤ 【Insert】键：插入键，位于控制键区的左上方，用于改变输入状态。在键盘上按下该键，电脑文字的输入状态将在"插入"和"改写"状态之间切换。
- ➤ 【Delete】键：删除键，用于删除光标右侧的字符。
- ➤ 【Home】键：首键，用于将光标定位于所在行的行首。
- ➤ 【End】键：尾键，用于将光标定位于所在行的行尾。
- ➤ 【Page Up】键：向上翻页键，按下该键屏幕中的内容向前翻一页。
- ➤ 【Page Down】键：向下翻页键，按下该键屏幕中的内容向后翻一页。
- ➤ 【↑】键：光标上移键，按下该键光标上移一行。
- ➤ 【↓】键：光标下移键，按下该键光标下移一行。
- ➤ 【←】键：光标左移键，按下该键光标左移一个字符。

➢【→】键：光标右移键，按下该键光标右移一个字符。

2.1.6 状态指示灯区

状态指示灯区位于数字键区的上方，共包括 3 个状态指示灯，分别为数字键盘锁定灯、大写字母锁定灯和滚屏锁定灯，如图 2-11 所示。

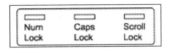

图 2-11

➢【Num Lock】键：数字键盘锁定灯，当该灯亮时表示数字键盘的数字键处于可用状态。
➢【Caps Lock】键：大写字母锁定灯，当该灯亮时表示当前为输入大写字母的状态。
➢【Scroll Lock】键：滚屏锁定灯，当该灯亮时表示在 DOS 状态下可使屏幕滚动显示。

Section 2.2 键盘的使用方法

本节导读

键盘是电脑中最重要的输入设备，学会正确地使用键盘可以减少操作疲劳，提高工作效率。本节将介绍正确使用键盘的方法，如手指的键位分工、正确的打字姿势和击键的方法等。

2.2.1 手指的键位分工

在使用键盘进行操作时，双手的 10 个手指在键盘上有明确的分工，使用正确的键位分工可以减少手指疲劳，增加打字速度，而且有助于盲打。

1. 基准键位

基准键位位于主键盘区，是打字时确定其他键位置的标准，如图 2-12 所示。

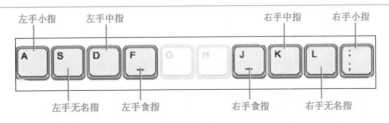

图 2-12

基准键共有 8 个，分别是【A】【S】【D】【F】【J】【K】【L】和【;】，其中在【F】和【J】键上分别有一个凸起的横杠，有助于盲打时手指的定位。

2. 其他键位

按照基准键位放好手指后，其他手指的按键位于该手指所在基准键位的斜上方或斜下方，大拇指放在空格键上，手指的具体分工如图 2-13 所示。

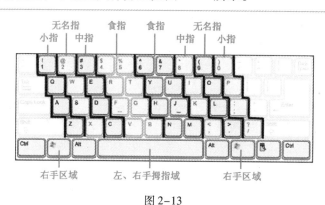

图 2-13

2.2.2 正确的打字姿势

如果大家长时间在电脑前工作、学习或娱乐，很容易疲劳，学会正确的打字姿势可以有效地减少疲劳感，下面将介绍正确的打字姿势，如图 2-14 所示。

图 2-14

➢ 面向电脑平坐在椅子上，腰背挺直，全身放松。双手自然放置在键盘上，身体稍微前倾，双脚自然垂地。

➢ 电脑屏幕的最上方应比打字者的眼睛水平线低，眼睛距离电脑屏幕至少保持一个手臂的距离。

➢ 身体直立，大腿保持与前手臂平行的姿势，手、手腕和手肘保持在一条直线上。

➢ 椅子的高度与手肘保持 90 度弯曲，手指能够自然地放在键盘的正上方。

➢ 使用文稿时将文稿放置在键盘的左侧，眼睛盯着文稿或电脑屏幕，不能盯着键盘。

Section

2.3　认识鼠标

本节导读

　　鼠标是电脑中重要的输入设备之一，使用鼠标可以迅速地向电脑发布命令，从而快速地执行各种操作。　本节将介绍有关鼠标方面的知识，如认识鼠标的外观、了解正确握鼠标的方法、认识鼠标光标的形状和了解鼠标的基本操作。

2.3.1　鼠标的外观

　　鼠标的外观酷似小老鼠，因此得名鼠标。按照鼠标的按键数量来说，目前比较常用的鼠标为三键鼠标，其按键有鼠标左键、鼠标中键和鼠标右键，如图 2-15 所示。

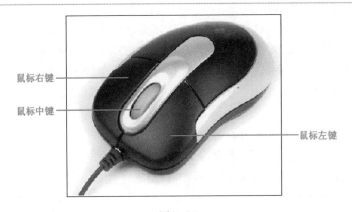

鼠标右键
鼠标中键
鼠标左键

图 2-15

2.3.2　鼠标的分类

　　鼠标按工作原理可以分为机械鼠标和光电鼠标。光电鼠标的可靠性和精确度比较高，使用时需要一块专用的反光板，但这类鼠标的分辨率不易提高。机械鼠标主要由滚球、辊柱和光栅信号传感器组成，这类鼠标灵敏度低、磨损大，所以已经被淘汰。光电鼠标用光电传感器代替了滚球，并且传感器需要特制的、带有条纹或点状图案的垫板配合使用。
　　鼠标按照外形可以分为两键鼠标、三键鼠标、滚轴鼠标和感应鼠标，其中两键鼠标已很少有人使用了。
　　鼠标按照有无与主机连接的线可以分为有线鼠标和无线鼠标。
　　另外还有 3D 鼠标。

2.4 实践案例与上机操作

本节导读

通过本章的学习，读者可以掌握键盘的使用方法、鼠标的使用方法等知识及操作，下面通过几个实践案例进行上机操作，以达到巩固学习、拓展提高的目的。

2.4.1 如何处理键盘接口损坏

有些时候，键盘的接口坏了，输入不进去文本，对于这种情况我们要把键盘拆开。把键帽取下，滴入一两滴酒精，然后装上键帽，反复敲击几次，如还不能输入，说明弹簧失效，这时需要修理弹簧或更换新键盘。

一般情况下，主板上的键盘接口接上键盘后不经常拔插，不容易损坏，但在实际工作中键盘接口损坏的情况却非常多，大多表现为起初偶尔启动电脑时主机报键盘错误，按【F1】键继续能够正常操作，再后来就是键盘有时能够使用有时不能够使用，到最后键盘一点作用也没有了，即使更换键盘还是产生同样的故障，这时可以排除是键盘的原因，进而断定是主板上的键盘接口有问题。

一般键盘是由南桥通过专用的外设芯片控制的，也有的是直接通过南桥芯片控制的。如果外设芯片损坏，也会表现为键盘不能使用。如果键盘、鼠标和 USB 接口的供电不正常，也会表现为键盘不能使用；也有因为键盘接口接触不良造成键盘时而能用时而不能用的情况。

2.4.2 鼠标的选购技巧

鼠标的选购主要由用途决定，下面为读者列举一些专业用途鼠标的选择。

➢ 一般的家庭、办公用鼠标选择普通的二键或三键鼠标即可，如图 2-16 所示。

图 2-16

➢ 如果是专业的图形影像处理，则建议使用专业级别的鼠标。最好是有第二轨迹球、第三或四键要求更高的专业鼠标。这种专业级别的鼠标有更多功能，对专业处理有事半功倍的高效率，如图 2-17 所示。

图 2-17

➢ 如果用户是使用笔记本电脑或常用投影仪做演讲，那么就应该使用遥控轨迹球鼠标，这种无线鼠标往往能发挥有线鼠标难以企及的作用，也可以省去带投影笔的麻烦，如图 2-18 所示。

图 2-18

➢ 如果是游戏玩家使用的鼠标，有时在一些游戏中需要更换不同的 dpi，这时选择可以通过鼠标上的物理按键直接更改 dpi 的鼠标会方便很多，如图 2-19 所示。

图 2-19

　　手感问题也不容忽视，鼠标在不同的坐姿、位置和高度下手感也会不一样。不适合个人手感的鼠标最容易让人觉得手酸，所以选购鼠标时一定要按自己平时的座位高度用手去感觉一下再选择。

　　有些用户在日常生活工作中是左撇子，用右手握鼠标不习惯，也可以通过 Windows 的【开始】菜单设置鼠标的主、次按键以适应个人习惯。首先单击【开始】按钮，选择【控制面板】命令，打开【控制面板】，然后单击【鼠标】选项，如图 2-20 所示。

图 2-20

　　弹出【鼠标 属性】对话框，将【切换主要和次要的按钮】复选框选中，即可完成设置，如图 2-21 所示。

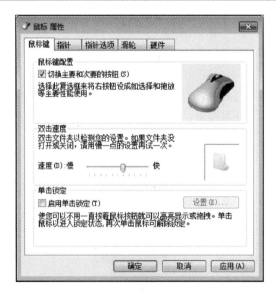

图 2-21

第3章

Windows 7基础操作入门

本章内容导读

本章主要介绍认识与使用 Windows 7 工作界面方面的知识，还针对实际的工作需求讲解了使用菜单的实际操作。通过本章的学习，读者可以掌握 Windows 7 基础操作方面的知识，为进一步学习 Windows 7 奠定了基础。

本章知识要点

- ☑ **Windows 7 桌面的组成**
- ☑ 桌面管理
- ☑ 桌面小工具
- ☑ **Windows 7 窗口的切换**

Section
3.1 Windows 7 桌面的组成

本节导读

启动 Windows 7 后，用户应该从初步使用 Windows 7 开始学习，初步使用 Windows 7 包括认识桌面和认识【开始】菜单。在本节中将介绍认识桌面和【开始】菜单的相关操作。

3.1.1 桌面背景

登录 Windows 7 系统后，出现在用户眼前的就是系统桌面，也叫桌面，用户完成各种操作都是在桌面上进行的，下面介绍 Windows 7 桌面的各个组成部分，如图 3-1 所示。

➢ 桌面图标：可以自行调整，在 Windows 7 操作系统中，除【回收站】桌面图标外，其他的桌面图标都可以删除。

➢ 桌面背景：Windows 7 桌面的背景图案，用户可以自行设置桌面的背景图案。

➢ 【开始】按钮：单击【开始】按钮 可以展开所有程序菜单。

➢ IE 浏览器：IE 浏览器是微软的新版本 Windows 操作系统的一个组成部分。

➢ 任务栏：位于桌面最下方，主要由【开始】按钮、快速启动工具栏、应用程序按钮、通知区域以及【显示桌面】按钮组成。

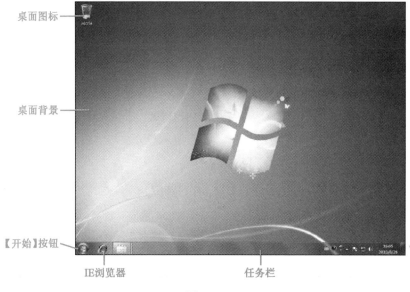

图 3-1

3.1.2　【开始】按钮

桌面左下角的【开始】按钮 是 Windows 7 操作系统程序的启动按钮，【开始】菜单是 Windows 7 中很多操作的入口，其中汇集了电脑中的常用程序、文件夹和选项设置等内容，通过【开始】菜单用户可以访问硬盘上的文件或者运行安装好的程序。下面介绍【开始】菜单的主要组成部分，如图 3-2 所示。

➢ 快速启动栏：单击快速启动栏中的快捷图标按钮可以进入到相应的操作页面。

➢ 当前用户图标：双击【当前用户图标】按钮 可以设置账户密码、更改图片、更改账户名称、更改用户账户控制设置、管理其他账户等。

➢ 系统控制区：系统控制区是指可以控制系统应用程序的区域，在安装 Windows 7 后，Windows 7 操作系统会自动安装一些应用程序，如游戏、设备和打印机等。

➢ 所有程序菜单：所有程序菜单集合了电脑中的所有程序，单击【所有程序】左侧的三角按钮 可以查看所有程序的菜单项。

➢ 搜索栏：使用该功能搜索能够快速找到电脑上的程序和文件，如果用户对 Windows 7 操作系统默认的搜索范围不满意，那么可以自行设置搜索范围。

图 3-2

3.1.3　桌面图标

桌面图标是指 Windows 7 桌面中显示的可以打开某些特定窗口和对话框或启动一些程序

的快捷方式。桌面图标又分为系统图标和快捷方式图标，下面予以详细介绍。

1. 系统图标

系统图标为系统自带的图标，包括用户的文件、计算机、网络、控制面板和回收站等，用户可以将这些图标隐藏或显示，如图3-3所示。

图3-3

2. 快捷方式图标

快捷方式图标是指在安装一些程序时放置到桌面中的用户自己定义的文件或程序的快捷方式，利用快捷方式图标可以快速地打开文件或启动程序，如图3-4所示。

图3-4

3.1.4　快速启动工具栏

快速启动工具栏位于【开始】按钮 的右侧，默认情况下显示【Internet Explorer】图标 、【Windows 资源管理器】图标 和【Windows Media Player】图标 ，单击相应的图标可以启动相应的程序，如图3-5所示。

图3-5

3.1.5　任务栏

任务栏位于页面的最下方，提供了快速切换应用程序、文档及其他窗口的功能。任务栏包括【开始】按钮、快速启动工具栏、任务按钮区、语言栏、通知区域和【显示桌面】按钮 5 个部分，下面予以详细介绍，如图 3-6 所示。

图 3-6

> 【开始】按钮：位于任务栏的左侧，单击该按钮可以弹出【开始】菜单，利用其中的菜单项可以进行相应的操作。
> 快速启动工具栏：位于【开始】按钮的右侧，默认情况下显示【Internet Explorer】图标、【Windows 资源管理器】图标和【Windows Media Player】图标，单击相应的图标可以启动相应的程序。
> 任务按钮区：位于任务栏的中部，显示 Windows 7 中的应用程序或窗口按钮，用于在不同的程序或窗口中进行切换。
> 语言栏：位于任务按钮区的右侧，用于切换或设置输入法。
> 通知区域：位于任务栏的右侧，可以显示一些程序的运行状态、快捷方式和系统图标等。
> 【显示桌面】按钮：位于任务栏最右侧，单击该按钮可以快速显示桌面。

Section 3.2　桌面管理

本节导读

Windows 7 系统的桌面管理与之前的 XP 系统相比有了很大的变化，桌面简洁，易于用户管理，桌面上的图标布局用户可以自行调整，除【回收站】图标外，其他图标都可以被删除。本节将详细介绍 Windows 7 桌面管理方面的知识。

3.2.1　显示或隐藏桌面图标

其实 Windows 7 操作系统可快速隐藏桌面图标，在需要的时候能够快速调出来，既提高了工作效率，也使桌面变得整洁，下面详细介绍显示或隐藏桌面图标的方法。

在 Windows 7 桌面上单击鼠标右键，在弹出的快捷菜单中选择【查看】菜单项，在弹出的子菜单中将【显示桌面图标】前的"√"勾掉，即可完成隐藏桌面图标的操作，如图 3-7 和图 3-8 所示。

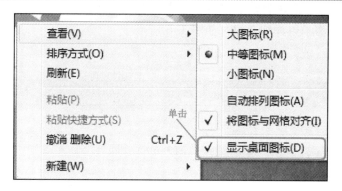

图 3-7

图 3-8

3.2.2 排列桌面图标

在日常使用中会生成很多新的图标以及文件夹，而这些图标的排列一般都是系统默认的设置，如果用户想根据需要修改就要用到【排序方式】菜单项，下面详细介绍排列桌面图标的操作方法。

在 Windows 7 桌面上单击鼠标右键，在弹出的快捷菜单中选择【排序方式】菜单项，在弹出的子菜单中可以根据需要选择排序方式，如图 3-9 所示。

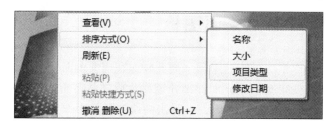

图 3-9

3.2.3 通过【开始】菜单启动程序

除了通过快捷方式的方法启动程序外，用户还可以通过【开始】菜单启动程序，下面详细介绍通过【开始】菜单启动程序的操作方法。

单击【开始】按钮，在弹出的菜单中选择【所有程序】菜单项，即可在菜单栏中选择要启动的程序，如图3-10和图3-11所示。

图3-10   图3-11

Section 3.3 桌面小工具

本节导读

在 Windows 7 中可以在桌面上添加小工具，例如时钟、日历等，为人们的日常工作提供了很大的便利，同时也使 Windows 桌面更具特色和个性。虽然在 Windows Vista 中也提供了桌面小图标工具，但和 Windows 7 相比缺少灵活性。本节将详细介绍桌面小工具的知识。

3.3.1 添加桌面小工具

在 Windows 7 桌面上单击鼠标右键，在弹出的快捷菜单中选择【小工具】菜单项，在弹

29

出的对话框中可以根据需要选择想要添加的桌面小工具，双击小工具图标即可将其添加到桌面上，如图 3-12 和图 3-13 所示。

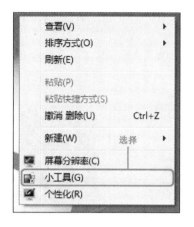

图 3-12

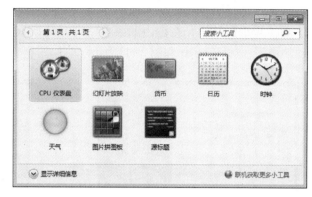

图 3-13

3.3.2　移动桌面小工具

要想移动添加到桌面上的小工具，只需要将鼠标指针移至小工具上，按住鼠标左键并拖动，即可将小工具移至其他位置。

3.3.3　删除桌面小工具

删除已经添加的小工具十分方便、快捷，用户可以直接单击小工具右侧的【关闭】按钮❌，如图 3-14 所示。

图 3-14

本节导读

　　在 Windows 7 操作系统中，窗口是指可以放大、缩小、关闭或移动的特定区域。 在 Windows 7 操作系统中进行操作时会打开某些窗口，本节将介绍有关 Windows 7 窗口方面的知识。

3.4.1　认识 Windows 7 窗口

　　在 Windows 7 中，窗口由标题栏、菜单栏、工具栏、地址栏、任务窗格、工作区、状态栏和滚动条等组成，如图 3-15 所示。

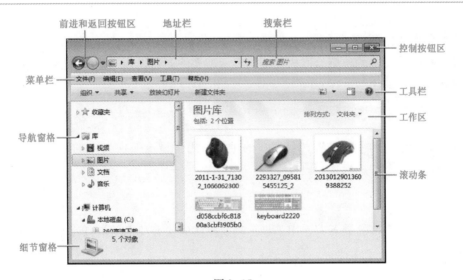

图 3-15

1. 控制按钮区

　　控制按钮区位于窗口的右上方，显示【最小化】按钮 、【最大化】按钮 /【向下还原】按钮 和【关闭】按钮 ，用于移动窗口、改变窗口大小和关闭窗口等操作。

2. 前进和返回按钮区

　　前进和返回按钮区位于窗口的左上方，包括【返回】按钮 、【前进】按钮 和向下的三角按钮，用于在各个窗口间切换。

3. 地址栏

地址栏位于窗口的上方，用于显示和输入当前窗口的地址。在地址栏右侧单击【刷新】按钮 ↻ 可以刷新当前页面。

4. 搜索栏

搜索栏位于窗口的右上方，用于搜索该窗口中的文件。在搜索栏中输入搜索内容，在键盘上按下【Enter】键即可进行文件的搜索。

5. 菜单栏

在键盘上按下【Alt】键，可以在窗口上方显示菜单栏，其中共包括【文件】、【编辑】、【查看】、【工具】和【帮助】5个主菜单项，用于执行相应的操作。

6. 工具栏

工具栏位于窗口的上方，提供了一些基于窗口内容的基本操作工具，用于执行一些基本的操作。

7. 导航窗格

导航窗格位于窗口的左侧，以树状结构显示了文件夹列表和一些辅助信息，从而方便使用者快速定位所需的内容。

8. 工作区

工作区位于窗口的中间位置，是窗口的主体，用于显示该窗口中的主要内容，如文件夹、磁盘驱动器、图片、视频和声音等。

9. 细节窗格

细节窗格位于窗口的最下方，用于显示当前操作的状态及提示信息，或用于显示当前选中对象的详细信息。

3.4.2 最大化与最小化窗口

在 Windows 7 中进行窗口操作时，如果用户发现窗口不符合使用需要，可以调整窗口大小。单击窗口右上角的【最大化】按钮 ▢ 即可将窗口最大化，单击窗口右上角的【最小化】按钮 ▬ 即可将窗口最小化到任务栏中。

3.4.3 关闭窗口

如果不准备在窗口中进行操作，则可关闭窗口。在窗口右上方的按钮控制区中单击

【关闭】按钮 可以直接关闭打开的窗口，如图3-16所示。

图3-16

3.4.4　移动窗口

在 Windows 7 系统桌面中打开窗口后，如果窗口的位置不符合使用需要，可以使用鼠标左键拖动鼠标至合适的位置。移动鼠标指针至窗口上方的空白位置，单击并拖动鼠标左键至目标位置，然后释放鼠标左键即可移动窗口，如图3-17所示。

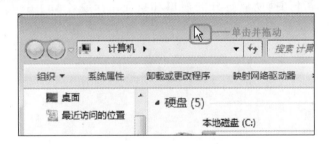

图3-17

3.4.5　调整窗口大小

移动鼠标指针至窗口的4个角上或四周的边框上，当鼠标指针变为实心双箭头形状时单击并拖动鼠标指针至目标位置，释放鼠标左键即可调整窗口大小，如图3-18所示。

图3-18

3.4.6　在多个窗口之间切换

如果在桌面上打开了多个窗口，用户只对其中的一个程序窗口进行操作，该窗口称为活动窗口。活动窗口在所有打开的程序窗口的最前面，又称前台运行。在进行窗口切换时可以使用以下几种方法。

1. 单击任务栏

通过单击任务栏中的缩略图来切换窗口，如图 3-19 所示。

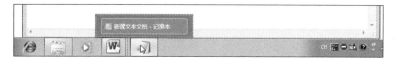

图 3-19

2. 按下【Alt】+【Tab】组合键

按下【Alt】+【Tab】组合键可以切换到先前的窗口，或者按住【Alt】键不放，并重复按【Tab】键，可以循环切换所有打开的窗口和桌面，释放【Alt】键可以显示所选窗口，如图 3-20 所示。

图 3-20

3. Windows Fild 3D 窗口切换活动程序窗口

Windows Fild 3D 以三维堆栈方式排列窗口。按【Windows】+【Tab】组合键打开 Windows Fild 3D 窗口，单击堆栈中的任意窗口即可显示该窗口，也可以重复按【Tab】键或滚动鼠标滚轮循环切换打开的窗口，释放【Windows】键即可显示堆栈中最前面的窗口，如图 3-21 所示。

图 3-21

Section 3.5　实践案例与上机操作

> 本节导读
>
> 通过本章的学习，用户可以掌握 Windows 7 基础操作方面的知识，下面通过几个实践案例进行上机操作，以达到巩固学习、拓展提高的目的。

3.5.1　重新启动 Windows

如果在电脑中安装了新的软件，或者电脑处理数据的速度与平时相比较慢，需要对电脑进行重新启动的操作。

在 Windows 7 系统桌面中单击【开始】按钮，然后单击【关机】按钮右侧的三角按钮，选择【重新启动】菜单项即可重新启动 Windows 7，如图 3-22 所示。

图 3-22

3.5.2　添加快捷方式图标

在 Windows 7 系统中，如果经常使用某个程序或打开某个窗口，可以在桌面上为其添加快捷方式图标，以方便使用。下面将介绍添加快捷方式图标的方法。

图 3-23

01 选择菜单项

No1　单击【开始】按钮。

No2　在弹出的菜单中选择【所有程序】菜单项，如图 3-23 所示。

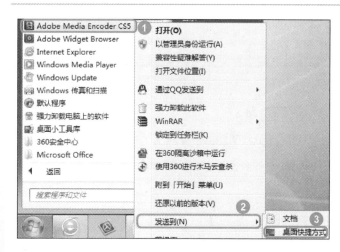

图 3-24

图 3-25

02 选择【桌面快捷方式】菜单项

No1 右键单击准备添加快捷方式的程序。

No2 在弹出的快捷菜单中选择【发送到】菜单项。

No3 在弹出的子菜单中选择【桌面快捷方式】菜单项，如图 3-24 所示。

03 完成操作

通过上述操作即可为 Adobe Media Encoder CS5 添加快捷方式，如图 3-25 所示。

3.5.3 调整任务栏大小

用户可以根据需要调整任务栏的大小，使其以小图标的方式显示。在任务栏中可以进行相应操作，下面详细介绍调整任务栏大小的方法。

在 Windows 7 系统桌面上，在任务栏的空白处单击鼠标右键，在弹出的快捷菜单中选择【属性】菜单项，如图 3-26 所示。

图 3-26

弹出【任务栏和「开始」菜单属性】对话框，在【任务栏外观】区域中选中【使用小图标】复选框，单击【确定】按钮，如图 3-27 所示。

图 3-27

第 4 章
管理电脑中的文件

本章内容导读

本章主要介绍认识文件和文件夹、浏览与查看文件和文件夹、操作文件和文件夹等，同时讲解如何隐藏、加密文件和文件夹以及如何使用回收站等，最后还针对实际的工作需求讲解了在【开始】菜单中查找文件、在资源管理器中查找文件的方法。通过本章的学习，读者可以掌握电脑操作基础方面的知识，为进一步学习电脑知识奠定了基础。

本章知识要点

☑ 认识文件和文件夹
☑ 浏览与查看文件和文件夹
☑ 操作文件和文件夹
☑ 安全使用文件和文件夹
☑ 使用回收站

4.1 认识文件和文件夹

本节导读

电脑中的数据都是以文件的形式保存的，而文件夹则用来分类存储电脑中的文件。如果准备在电脑中存储数据，需要了解电脑中各种资源的专业术语，本节将介绍有关磁盘分区和盘符、文件和文件夹方面的知识。

4.1.1 磁盘分区和盘符

电脑中的主要存储设备为硬盘，但是硬盘不能直接存储资料，需要将其划分为多个空间，划分出的空间即为磁盘分区。

将电脑硬盘划分为多个磁盘分区后，为了区分每个磁盘分区，可以将其命名为不同的名称，如"本地磁盘 C"等，这样的存储区域即为盘符，如图 4-1 所示。

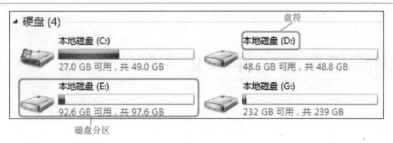

图 4-1

4.1.2 文件

在 Windows 7 系统中，文件是以单个名称在电脑中存储信息的集合，是最基础的存储单位。在电脑中一篇文稿、一组数据、一段声音和一张图片等都属于文件。

在电脑中文件通常以"文件图标＋文件名＋扩展名"的形式显示，通过文件图标和扩展名即可了解文件的类型。文件图标以图标的形式显示文件的类别；文件名是为了区别和使用文件而给每一个文件起的名字；扩展名以符号"."和主文件名相连，通常由 3 个或 4 个字母组成，用来表示文件的类型和性质，如图 4-2 所示。

图 4-2

为文件命名的要求如下：

➢ 文件名最多可以使用 255 个字符，除开头外都可以有空格。

➢ 文件名中不能包含英文状态下的 \、／、：、＊、"、？、＜、＞、| 等。

➢ 文件名不区分大小写，同一文件夹中不能有相同的文件名。

➢ 由系统保留的设备名字不能用作文件名，如 CON、LPT1、LPT2、COM1、COM2、CLOCK$、NUL 和 AUX 等。

4.1.3 文件夹

文件夹是电脑中用于分类存储资料的一种工具，可以将多个文件或文件夹放置在一个文件夹中，从而对文件或文件夹分类管理。文件夹由文件夹图标和文件夹名称组成，如图 4-3 所示。

图 4-3

Section 4.2 浏览与查看文件和文件夹

电脑中存储资料后，可以通过浏览与查看文件或文件夹的方法随时查看电脑中存储的资料。本节将介绍浏览文件或文件夹、设置文件或文件夹的显示方式和查看文件或文件夹属性的方法。

4.2.1 浏览文件和文件夹

如果用户准备大致了解自己电脑中的文件，可以通过浏览文件或文件夹的方法。下面介绍使用【计算机】窗口浏览文件或文件夹的操作方法。

图 4-4

01 选择菜单项

鼠标右键单击【计算机】图标，在弹出的快捷菜单中选择【打开】菜单项，如图 4-4 所示。

图 4-5

02 双击盘符选项

在【计算机】窗口中选择准备查看的盘符选项，如双击【本地磁盘（E:）】选项，如图 4-5所示。

图 4-6

03 浏览文件夹

打开【本地磁盘（E:）】窗口，浏览到该盘符下保存的文件夹，双击准备打开的文件夹，例如双击【蝴蝶】文件夹，如图 4-6所示。

图 4-7

04 浏览文件

打开【蝴蝶】窗口，即可浏览到该文件夹下保存的文件，如图 4-7 所示。

4.2.2 设置文件和文件夹的显示方式

文件与文件夹的显示方式有多种，包括超大图标、大图标、中等图标、小图标、列表、详细信息、平铺和内容等，用户可以根据查询的需要更改文件与文件夹的显示方式。下面介绍设置文件或文件夹的显示方式的操作方法。

打开一个文件夹，在菜单栏中选择【查看】菜单，在弹出的菜单中可以根据需要选择不同的显示方式，其中包括【超大图标】【大图标】【中等图标】【小图标】【列表】【详细信息】【平铺】【内容】8 种显示方式，如图 4-8 所示。

用户也可以在文件夹空白区域中单击鼠标右键，在弹出的快捷菜单中选择【查看】菜单项进行选择。

图 4-8

4.2.3　查看文件和文件夹的属性

在 Windows 7 中，用户可以根据使用需要查看文件或文件夹的属性，从而便于操作。下面介绍查看文件或文件夹属性的操作方法。

图 4-9

01 选择菜单项

No1 打开文件夹后选中准备查看的文件。

No2 单击【组织】按钮。

No3 在弹出的下拉菜单中选择【属性】菜单项，如图 4-9 所示。

图 4-10

02 查看文件属性

No1 弹出【×××属性】对话框（×××为文件名），选择【常规】选项卡。

No2 可以查看到文件的名称、类型、位置、大小等属性。

No3 单击【确定】按钮，如图 4-10 所示。

4.2.4　查看文件的扩展名

　　文件的扩展名也可以在【属性】中查到，选中准备查看扩展名的文件，右键单击鼠标，在弹出的快捷菜单中选择【属性】菜单项，弹出【属性】对话框，在【常规】选项卡中即可查看文件的扩展名，如图 4-11 和图 4-12 所示。

图 4-11

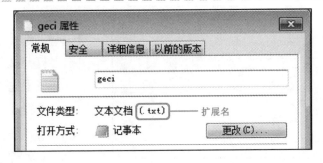

图 4-12

4.2.5　打开和关闭文件

　　打开文件有两种方式，一种是选中准备打开的文件，单击鼠标右键，在弹出的快捷菜单中选择【打开】菜单项；另一种方式是将鼠标移至准备打开的文件上双击鼠标。

　　关闭文件的方法非常简单，以关闭 Word 文档为例，单击右上角的【关闭】按钮即可，如图 4-13 所示。

图 4-13

Section

4.3　操作文件和文件夹

如果准备在 Windows 7 中使用文件或文件夹，用户首先需要掌握操作文件或文件夹的方法。 本节将介绍操作文件或文件夹的方法，如新建文件或文件夹、创建文件或文件夹的快捷方式等。

4.3.1　新建文件和文件夹

如果用户准备使用文件或文件夹保存资料，首先需要新建文件或文件夹。下面介绍新建文件或文件夹的操作方法。

图 4-14

01 选择菜单项

No1 打开文件夹窗口，在菜单栏中选择【文件】菜单。

No2 选择【新建】菜单项。

No3 在弹出的子菜单中选择【文件夹】菜单项，如图 4-14 所示。

图 4-15

02 输入名称

新建文件夹的默认名称为"新建文件夹"，用户可以输入新的名称，如图 4-15 所示。

图 4-16

03 按下【Enter】键

按下【Enter】键即可完成新建文件夹的操作，如图 4-16 所示。

4.3.2 新建文件和文件夹的快捷方式

在 Windows 7 中可以为文件或文件夹创建快捷方式，并可将快捷方式放置到任意位置，从而在任意位置都可快速启动文件或文件夹，下面介绍创建文件或文件夹的快捷方式的操作方法。

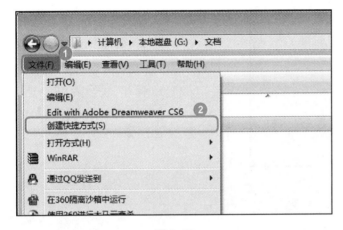

图 4-17

 **创建文件的快捷方式**

No1 打开文件所在的文件夹，选择准备创建快捷方式的文件，选择【文件】菜单。

No2 在弹出的下拉菜单中选择【创建快捷方式】菜单项，如图 4-17 所示。

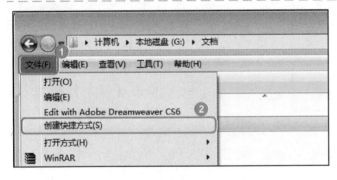

图 4-18

 **创建文件夹的快捷方式**

No1 选择准备创建快捷方式的文件夹，选择【文件】菜单。

No2 在弹出的下拉菜单中选择【创建快捷方式】菜单项，如图 4-18 所示。

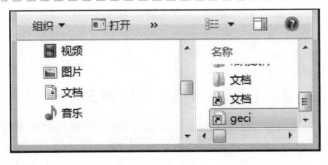

图 4-19

 完成创建

通过以上方法即可创建快捷方式，如图 4-19 所示。

举一反三

右键单击文件可快速创建快捷方式。

4.3.3 复制文件和文件夹

复制文件或文件夹是指在电脑中为文件或文件夹建立副本，从而防止文件或文件夹丢失，下面介绍复制文件或文件夹的操作方法。

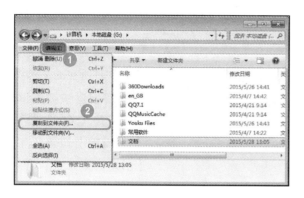

图 4-20

01 选择菜单项

No1 选择准备复制的文件或文件夹，选择【编辑】菜单。

No2 在弹出的子菜单中选择【复制到文件夹】菜单项，如图 4-20 所示。

图 4-21

02 弹出对话框

No1 弹出【复制项目】对话框，在列表框中选择文件或文件夹的保存位置。

No2 单击【复制】按钮，如图 4-21 所示。

图 4-22

03 完成复制

通过上述操作即可将文件或文件夹复制到桌面上，如图 4-22 所示。

 举一反三

选中准备复制的文件，按下【Ctrl】+【C】组合键，然后切换至要复制的文件夹，按下【Ctrl】+【V】组合键，也可以复制文件。

4.3.4 移动文件和文件夹

移动文件或文件夹是指将文件或文件夹移动到其他位置，而不在原来位置保存的操作过程，下面介绍移动文件或文件夹的操作方法。

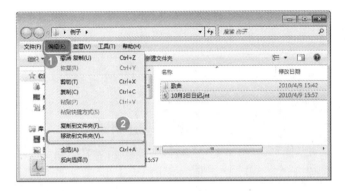

图 4-23

01 选择菜单项

No1 选择准备移动的文件和文件夹，选择【编辑】菜单。

No2 在弹出的子菜单中选择【移动到文件夹】菜单项，如图 4-23 所示。

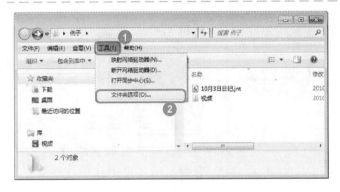

图 4-24

02 弹出对话框

No1 弹出【移动项目】对话框，在列表框中选择文件或文件夹要移动到的位置。

No2 单击【移动】按钮，如图 4-24 所示。

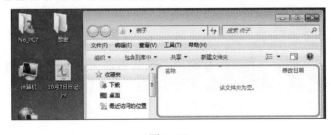

图 4-25

03 完成移动

通过上述操作即可将文件或文件夹移动到桌面上，如图 4-25 所示。

4.3.5 删除文件和文件夹

在 Windows 7 中，对于不需要的文件或文件夹可以删除，从而节省内存空间，下面介绍删除文件或文件夹的操作方法。

新手学电脑完全自学手册（Windows 7+Office 2010版）

图 4-26

01 选择菜单项

No1 选择准备删除的文件和文件夹，单击【组织】按钮。

No2 在弹出的子菜单中选择【删除】菜单项，如图 4-26 所示。

图 4-27

02 弹出对话框

弹出【删除多个项目】对话框，单击【是】按钮，如图 4-27 所示。

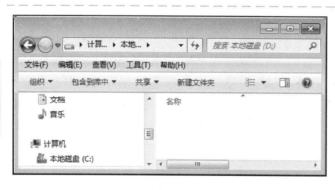

图 4-28

03 完成删除

通过上述操作即可将文件或文件夹删除，如图 4-28 所示。

举一反三

右键单击准备删除的文件，在弹出的菜单中选择【删除】菜单项也可以删除文件。

4.3.6 重命名文件和文件夹

在 Windows 7 中有时需要重新命名文件或文件夹，右键单击准备重命名的文件或文件夹，在弹出的快捷菜单中选择【重命名】菜单项即可重新命名文件或文件夹，如图 4-29 和图 4-30 所示。

图 4-29

图 4-30

4.4 安全使用文件和文件夹

本节导读

在电脑中使用文件或文件夹保存资料后，为了防止资料丢失，用户需要掌握安全使用文件或文件夹的方法。本节将介绍隐藏文件或文件夹、加密文件或文件夹的操作方法。

4.4.1 隐藏文件和文件夹

如果电脑中的文件或文件夹中保存了重要的内容，可以将其隐藏，从而保证资料的安全，下面介绍隐藏文件或文件夹的操作方法。

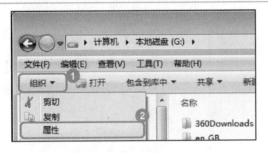

图 4-31

 **选择菜单项**

No1 选择准备隐藏的文件夹，单击【组织】按钮。

No2 在弹出的下拉菜单中选择【属性】菜单项，如图4-31所示。

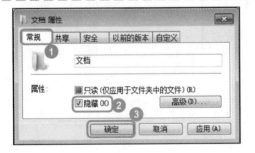

图 4-32

02 弹出对话框

No1 弹出【×××属性】对话框（×××为文件夹名），选择【常规】选项卡。

No2 选中【隐藏】复选框。

No3 单击【确定】按钮，如图4-32所示。

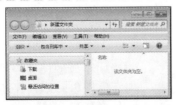

图 4-33

03 完成隐藏

通过上述操作即可隐藏文件夹，如图4-33所示。

4.4.2　显示隐藏的文件和文件夹

文件或文件夹被隐藏后，如果用户准备查看或编辑隐藏的文件或文件夹，可以显示隐藏的文件或文件夹，下面介绍显示隐藏的文件或文件夹的操作方法。

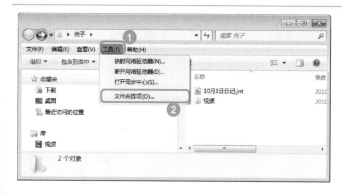

图 4-34

01　选择菜单项

No1　打开保存有隐藏的文件或文件夹的文件夹窗口，选择【工具】菜单。

No2　在弹出的下拉菜单中选择【文件夹选项】菜单项，如图 4-34 所示。

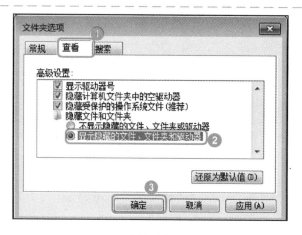

图 4-35

02　弹出对话框

No1　弹出【文件夹选项】对话框，选择【查看】选项卡。

No2　在【高级设置】列表框中选中【显示隐藏的文件、文件夹和驱动器】单选按钮。

No3　单击【确定】按钮，如图 4-35 所示。

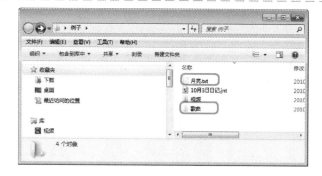

图 4-36

03　完成操作

通过上述操作即可显示隐藏的文件或文件夹，如图 4-36 所示。

　举一反三

完成上述步骤后，在【×××属性】对话框中选中【隐藏】复选框即可隐藏文件夹（×××为文件夹名）。

4.4.3　加密文件和文件夹

在 Windows 7 中可以为文件或文件夹加密，从而防止他人修改或查看保密文件，下面介绍加密文件或文件夹的操作方法。

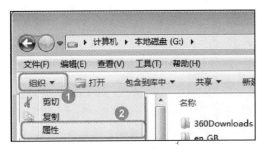

图 4-37

图 4-38

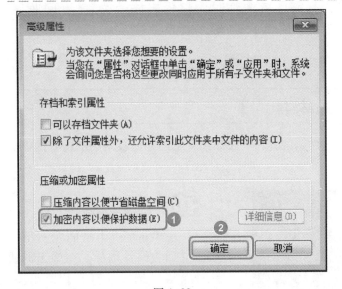

图 4-39

01　选择菜单项

No1　选择准备加密的文件夹，单击【组织】按钮。

No2　在弹出的下拉菜单中选择【属性】菜单项，如图 4-37 所示。

02　弹出对话框

No1　弹出【×××属性】对话框（×××为文件夹名），选择【常规】选项卡。

No2　单击【高级】按钮，如图 4-38 所示。

03　弹出对话框

No1　弹出【高级属性】对话框，在【压缩或加密属性】区域中选中【加密内容以便保护数据】复选框。

No2　单击【确定】按钮，如图 4-39 所示。

举一反三

右键单击文件夹，在弹出的快捷菜单中选择【属性】菜单项也可以打开【×××属性】对话框（×××为文件夹名）。

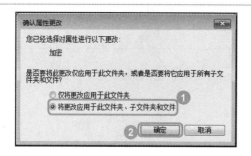

图 4-40

04 单击【确定】按钮

No1 选中【将更改应用于此文件夹、子文件夹和文件】单选按钮。

No2 单击【确定】按钮，如图 4-40 所示。

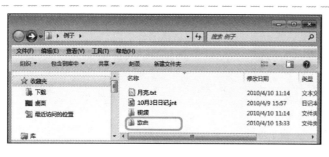

图 4-41

05 完成操作

通过上述操作即可加密文件，如图 4-41 所示。

Section
4.5 使用回收站

本节导读

回收站是 Windows 7 中用于存储系统中临时删除的文件的位置。回收站中的临时文件可以被还原，也可以被删除，从而方便用户使用。本节将介绍使用回收站的方法。

4.5.1 还原回收站中的内容

回收站中的内容可以还原至原来的存储位置，下面详细介绍还原回收站中的内容的操作方法。

图 4-42

01 选择菜单项

在 Windows 7 桌面上右键单击【回收站】图标，在弹出的快捷菜单中选择【打开】菜单项，如图 4-42 所示。

图 4-43

02 选择【文件】菜单

No1 选择准备恢复的文件，选择【文件】菜单。

No2 在弹出的下拉菜单中选择【还原】菜单项，如图 4-43 所示。

图 4-44

03 完成还原

通过以上方法即可完成还原文件的操作，如图 4-44 所示。

4.5.2 删除回收站中的内容

如果回收站中的内容不准备保留了，可以将其彻底删除，从而节省内存空间，下面介绍删除回收站中内容的操作方法。

图 4-45

01 选择菜单项

No1 打开回收站，选择准备删除的内容选项，选择【文件】菜单。

No2 在弹出的下拉菜单中选择【删除】菜单项，如图 4-45 所示。

图 4-46

02 弹出对话框

弹出【删除文件夹】对话框，单击【是】按钮，如图 4-46 所示。

图 4-47

 **完成操作**

通过上述操作即可删除回收站中的内容，如图 4-47 所示。

Section

4.6 实践案例与上机操作

本节导读

通过本章的学习，用户可以掌握管理电脑中文件的知识及操作，下面通过几个实践案例进行上机操作，以达到巩固学习、拓展提高的目的。

4.6.1 以平铺方式显示文件

如果用户对文件和文件夹的显示方式不满意，那么可以自行设置文件和文件夹的显示方式。下面以平铺方式显示文件和文件夹为例介绍设置文件和文件夹显示方式的操作方法。

打开一个文件夹，单击文件夹左侧的【更改您的视图】按钮旁边的三角按钮，在弹出的快捷菜单中选择【平铺】菜单项，即可完成以平铺方式显示文件的操作，如图 4-48 和图 4-49 所示。

图 4-48

图 4-49

4.6.2 以详细信息方式显示文件

下面通过以详细信息方式显示文件和文件夹为例介绍设置文件和文件夹显示方式的操作方法。

打开一个文件夹,单击文件夹左侧的【更改您的视图】按钮旁边的三角按钮,在弹出的快捷菜单中选择【详细信息】菜单项,即可完成以详细信息方式显示文件的操作,如图 4-50 和图 4-51 所示。

图 4-50

图 4-51

4.6.3　以大图标方式显示文件

　　打开一个文件夹，单击文件夹左侧的【更改您的视图】按钮旁边的三角按钮，在弹出的快捷菜单中选择【大图标】菜单项，即可完成以大图标方式显示文件的操作，如图4-52和图4-53所示。

图4-52

图4-53

第5章
设置个性化系统

本章内容导读

　　本章主要介绍如何设置个性化的系统，包括设置外观和主题、设置【开始】菜单、设置任务栏方面的知识与技巧，最后还针对实际的工作需求讲解了设置系统日期、电源计划的方法以及删除不需要的用户账户、更改账户图片的方法等。通过本章的学习，读者可以掌握 Windows 7 个性化系统的设置方法及相关知识，为进一步学习电脑知识奠定了基础。

本章知识要点

- ☑ 设置外观和主题
- ☑ 设置【开始】菜单
- ☑ 任务栏的设置
- ☑ 账户管理与安全设置

5.1 设置外观和主题

本节导读

在 Windows 7 操作系统中，用户具有更大的设置灵活性，可以根据自己的喜好设置外观和主题，从而设置出个性化的工作环境。本节将介绍设置外观和主题的操作方法。

5.1.1 更换 Windows 7 的主题

在 Windows 7 操作系统中，桌面主题是一套完整的系统外观和系统声音的设置方案，用户可以使用默认的 Windows 7 系统主题，也可以自定义桌面主题。下面介绍设置 Windows 7 主题的操作方法。

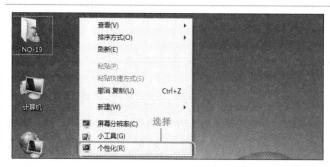

图 5-1

01 选择【个性化】菜单项

在 Windows 7 桌面的空白位置单击鼠标右键，在弹出的快捷菜单中选择【个性化】菜单项，如图 5-1 所示。

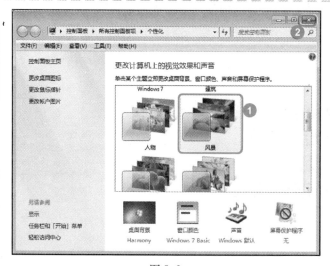

图 5-2

02 选择应用主题

No1 打开【个性化】窗口，在【更改计算机上的视觉效果和声音】列表框中选择准备应用的主题选项，如选择【风景】选项。

No2 单击【关闭】按钮，如图 5-2 所示。

图 5-3

03 查看新主题效果

通过上述操作即可更改 Windows 7 的桌面主题，在打开的【控制面板】窗口中可以查看到新主题的应用效果，在电脑连接音箱后可以听到新主题的声音效果，如图 5-3 所示。

5.1.2 修改桌面背景

桌面背景是指 Windows 7 操作系统桌面中显示的背景图案，用户可以根据自己的喜好修改桌面背景。下面介绍修改桌面背景的操作方法。

图 5-4

01 选择菜单项

在【开始】菜单中选择【控制面板】菜单项，如图 5-4 所示。

图 5-5

02 单击链接

在【外观和个性化】区域中单击【更改桌面背景】链接，如图 5-5 所示。

图 5-6

03 选择背景选项

No1 打开【桌面背景】窗口，选择背景选项。

No2 单击【保存修改】按钮，如图 5-6 所示。

图 5-7

04 完成修改

通过上述操作即可修改桌面背景，如图 5-7 所示。

 举一反三

在【桌面背景】窗口中单击【浏览】按钮，在【浏览文件夹】对话框中选择图片保存位置，然后选择自定义图片，可以将自定义图片设置为背景。

5.1.3　设置屏幕保护程序

屏幕保护程序是指当屏幕一段时间内没有刷新时用于保护电脑的一种程序，可以延长显示器的使用寿命。下面介绍设置屏幕保护程序的操作方法。

图 5-8

01 单击【外观和个性化】链接

在【控制面板】中单击【外观和个性化】链接，如图 5-8 所示。

图 5-9

02 单击【更改屏幕保护程序】链接

打开【外观和个性化】窗口，在【个性化】区域中单击【更改屏幕保护程序】链接，如图 5-9 所示。

图 5-10

 弹出【屏幕保护程序设置】对话框

No1 弹出【屏幕保护程序设置】对话框，在【屏幕保护程序】下拉列表框中选择准备应用的屏幕保护程序。

No2 在【等待】文本框中设置等待时间。

No3 单击【确定】按钮，如图 5-10 所示。

图 5-11

04 完成设置

通过上述操作即可设置屏幕保护程序，如图 5-11 所示。

举一反三

在【屏幕保护程序】下拉列表框中选择【无】选项可以取消屏幕保护程序。

5.1.4 设置显示器的分辨率和刷新率

显示器的分辨率是指单位面积内显示像素的数量，刷新率是指屏幕每秒画面被刷新的次数，合理地设置显示器的分辨率和刷新率可以保证电脑画面的显示质量，也可有效地保护自己的视力。下面介绍设置显示器分辨率和刷新率的方法。

图 5-12

01 单击链接

单击【外观和个性化】链接，如图 5-12 所示。

图 5-13

图 5-14

图 5-15

02 单击链接

在【显示】区域中单击【调整屏幕分辨率】链接，如图 5-13 所示。

03 单击【高级设置】链接

No1 打开【屏幕分辨率】窗口，在【分辨率】下拉列表框中选择准备应用的分辨率。

No2 单击【高级设置】链接，如图 5-14 所示。

04 弹出对话框

No1 弹出【通用即插即用监视器和 NVIDIA GeForce 9500 GT】对话框，选择【监视器】选项卡。

No2 在【屏幕刷新频率】列表框中选择刷新率。

No3 单击【确定】按钮返回【屏幕分辨率】窗口中，然后单击【确定】按钮即可完成显示器分辨率和刷新率的设置，如图 5-15 所示。

5.2 设置【开始】菜单

本节导读

　　【开始】菜单是视窗操作系统（**Windows**）中图形用户界面（GUI）的基本部分，可以称为操作系统的中央控制区域。在默认状态下，【开始】按钮位于屏幕的左下方，本节将详细介绍设置【开始】菜单的知识与操作。

5.2.1 更改【电源】按钮的功能

　　用户可以自己设置按下电源按钮后的功能，例如关机、休眠、甚至是无任何操作，下面详细介绍更改【电源】按钮功能的操作方法。

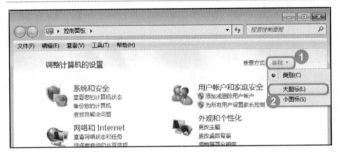

图 5-16

01 选择【大图标】菜单项

No1 在【控制面板】窗口中单击【类别】按钮。

No2 在弹出的菜单中选择【大图标】菜单项，如图 5-16 所示。

图 5-17

02 单击【电源选项】

　　单击【电源选项】，如图 5-17 所示。

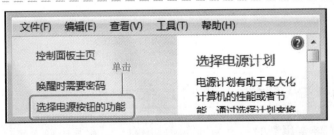

图 5-18

03 选择链接

　　在【电源选项】窗口的左侧单击【选择电源按钮的功能】链接，如图 5-18 所示。

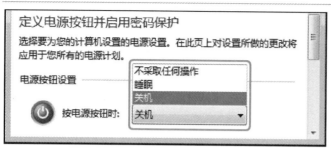

图 5-19

04 设置电源按钮功能

在【电源按钮设置】区域中对电源按钮进行设置，如图 5-19 所示。

5.2.2　将程序图标锁定到【开始】菜单中

如果用户定期使用某程序，可以通过将程序图标锁定到【开始】菜单来创建程序的快捷方式，下面详细介绍将程序图标锁定到【开始】菜单的操作方法。

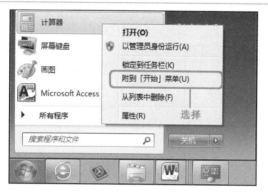

图 5-20

01 右键单击程序

在【开始】菜单中右键单击需要锁定到【开始】菜单的程序，在弹出的快捷菜单中选择【附到「开始」菜单】菜单项，如图 5-20 所示。

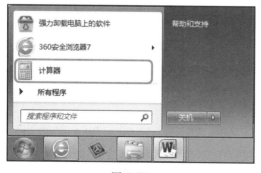

图 5-21

02 完成添加

可以看到【计算器】程序已经被添加到【开始】菜单中，如图 5-21 所示。

5.2.3　将【运行】命令添加到【开始】菜单中

通过【运行】命令可以打开我们经常用到的一个 Windows 应用窗口，在其中输入执行的命令，然后单击【确定】按钮，可以轻松访问电脑程序，减少了我们在电脑中找文件的繁琐。但是有时候【运行】命令不一定在【开始】菜单中，每次打开很不方便，本节将详细介绍将【运行】命令添加到【开始】菜单中的操作方法。

图 5-22

01 选择【小图标】菜单项

No1 在【控制面板】窗口中单击【类别】按钮。

No2 在弹出的菜单中选择【小图标】菜单项，如图 5-22 所示。

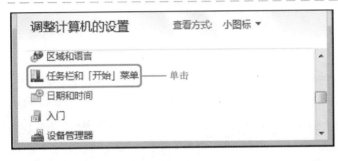

图 5-23

02 单击【任务栏和「开始」菜单】链接

在【调整计算机的设置】区域中单击【任务栏和「开始」菜单】链接，如图 5-23 所示。

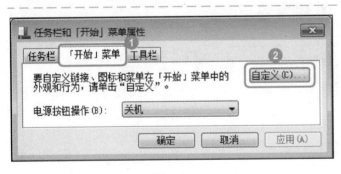

图 5-24

03 弹出对话框

No1 弹出【任务栏和「开始」菜单属性】对话框，选择【「开始」菜单】选项卡。

No2 单击【自定义】按钮，如图 5-24 所示。

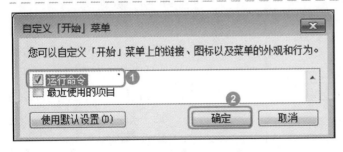

图 5-25

04 选择复选框

No1 弹出【自定义「开始」菜单】对话框，选择【运行命令】复选框。

No2 单击【确定】按钮，如图 5-25 所示。

图 5-26

05 完成设置

此时打开【开始】菜单，我们在右侧就会发现【运行】命令已经添加成功，如图 5-26 所示。

Section 5.3 任务栏的设置

本节导读

在 Windows 系列系统中，任务栏（taskbar）是指位于桌面最下方的小长条，主要由【开始】菜单、应用程序区、语言选项带和托盘区组成，而 Windows 7 及其以后版本系统的任务栏右侧则有显示桌面功能。本节将详细介绍任务栏设置方面的知识。

5.3.1 调整任务栏中的程序按钮

图 5-27

01 单击链接

在【控制面板】中单击【任务栏和「开始」菜单】链接，如图 5-27 所示。

图 5-28

02 弹出对话框

No1 弹出【任务栏和「开始」菜单属性】对话框，选择【任务栏】选项卡。

No2 单击【任务栏按钮】右侧的下拉列表框，在列表框中选择排列方式。

No3 单击【确定】按钮，如图 5-28 所示。

5.3.2 自定义通知区域

默认情况下，在 Windows 7 通知区域中只显示音量、网络、日期等图标，QQ、网际快车等应用程序的图标一般处于隐藏状态，用户可以通过设置任务栏使某些图标显示或隐藏，下面详细介绍自定义通知区域的操作方法。

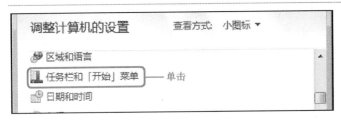

图 5-29

01 单击链接

在【控制面板】中单击【任务栏和「开始」菜单】链接，如图 5-29 所示。

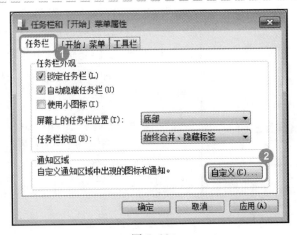

图 5-30

02 弹出【任务栏和「开始」菜单属性】对话框

No1 弹出【任务栏和「开始」菜单属性】对话框，选择【任务栏】选项卡。

No2 单击【通知区域】中的【自定义】按钮，如图 5-30 所示。

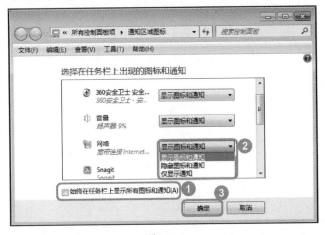

图 5-31

03 弹出【通知区域图标】窗口

No1 弹出【通知区域图标】窗口，取消选中【始终在任务栏上显示所有图标和通知】复选框。

No2 单击【网络】右侧的下拉列表框，在列表框中选择行为。

No3 单击【确定】按钮，如图 5-31 所示。

5.3.3　更改任务栏的位置

屏幕上任务栏的位置也是可以更改的，用户可以根据自己的需要在【开始】菜单中更改任务栏的位置，下面详细介绍更改任务栏位置的操作方法。

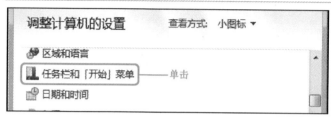

图 5-32

 **单击链接**

在【控制面板】中单击【任务栏和「开始」菜单】链接，如图 5-32 所示。

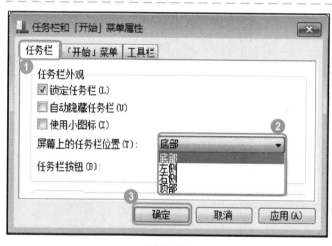

图 5-33

02 **弹出【任务栏和「开始」菜单属性】对话框**

No1　弹出【任务栏和「开始」菜单属性】对话框，选择【任务栏】选项卡。

No2　单击【屏幕上的任务栏位置】右侧的下拉列表框，在弹出的列表框中选择位置。

No3　单击【确定】按钮，如图 5-33 所示。

5.3.4　自动隐藏任务栏

任务栏也可以隐藏，隐藏任务栏的方法很简单，下面详细介绍隐藏任务栏的操作方法。

图 5-34

01 **单击链接**

在【控制面板】窗口中单击【任务栏和「开始」菜单】链接，如图 5-34 所示。

图 5-35

02 弹出【任务栏和「开始」菜单属性】对话框

No1 弹出【任务栏和「开始」菜单属性】对话框，选择【任务栏】选项卡。

No2 选中【自动隐藏任务栏】复选框。

No3 单击【确定】按钮，如图 5-35 所示。

Section 5.4 账户管理与安全设置

在 Windows 7 中，如果一台电脑允许多人使用，则可以建立多个账户，从而每个用户都可以设置自己的专用工作环境。本节将介绍 Windows 账户管理的方法。

5.4.1 Windows 7 账户的类型

在设置用户账户之前需要先弄清楚 Windows 7 有几种账户类型。一般来说，Windows 7 的用户账户有以下 3 种类型。

1. 管理员账户

计算机的管理员账户拥有对整个系统的控制权，可以改变系统设置、安装和删除程序、访问计算机上所有的文件。除此之外，它还拥有控制其他用户的权限。在 Windows 7 中至少要有一个计算机管理员账户。在只有一个计算机管理员账户的情况下，该账户不能将自己改成受限制账户。

2. 标准用户账户

标准用户账户是受到一定限制的账户，在系统中可以创建多个此类账户，也可以改变其账户类型。该账户可以访问已经安装在计算机上的程序，可以设置自己账户的图片、密码等，但无权更改计算机的设置。

3. 来宾账户

来宾账户是给那些在计算机上没有用户账户的人使用的，只是一个临时账户，主要用于

69

远程登录的网上用户访问计算机系统。来宾账户仅有最低的权限，没有密码，无法对系统做任何修改，只能查看计算机中的资料。

5.4.2　创建新的用户账户

在 Windows 7 中，如果准备使用其他账户操作电脑，则首先需要添加新的用户账户，下面介绍添加新的用户账户的操作方法。

图 5-36

01　单击链接

打开【控制面板】窗口，在【用户账户和家庭安全】区域中单击【添加或删除用户账户】链接，如图 5-36 所示。

图 5-37

02　打开窗口

打开【管理账户】窗口，单击【创建一个新账户】链接，如图 5-37 所示。

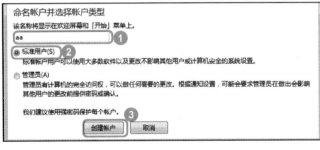

图 5-38

03　命名账户

No1　输入账户的名称。

No2　选中【标准用户】单选按钮。

No3　单击【创建账户】按钮，如图 5-38 所示。

图 5-39

04　完成创建

通过上述操作即可添加新的用户账户"aa"，如图 5-39 所示。

5.4.3 设置账户密码

在 Windows 7 中可以为账户设置密码，从而防止他人查看或修改自己电脑中的内容，下面介绍设置账户密码的操作方法。

图 5-40

01 选择账户

打开【管理账户】窗口，双击准备设置密码的账户，如图 5-40 所示。

图 5-41

02 单击【创建密码】链接

打开【更改账户】窗口，单击【创建密码】链接，如图 5-41 所示。

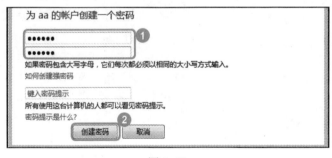

图 5-42

03 创建密码

No1 打开【创建密码】窗口，输入并确认账户密码。

No2 单击【创建密码】按钮即可完成设置账户密码的操作，如图 5-42 所示。

 教你一招

删 除 密 码

在【更改账户】窗口中单击【删除密码】链接，在进入的【删除密码】窗口中输入密码，单击【删除密码】按钮即可删除密码。

5.4.4 禁用命令提示符

电脑中某些程序的运行和设置都是需要通过命令提示符才能够完成的，如果有人要恶意使用命令提示符来破坏系统，则用户可以将命令提示符禁用，这样别人就无法使用命令提示符执行任何命令了。下面详细介绍禁用命令提示符的操作方法。

图 5-43

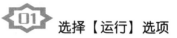

01 选择【运行】选项

单击【开始】按钮，在弹出的菜单中选择【运行】选项，如图 5-43 所示。

图 5-44

02 弹出对话框

No1 弹出【运行】对话框，在【打开】文本框中输入"gpedit. msc"。

No2 单击【确定】按钮，如图 5-44 所示。

图 5-45

03 弹出【本地组策略编辑器】窗口

弹出【本地组策略编辑器】窗口，单击【用户配置】→【管理模板】→【系统】，如图 5-45 所示。

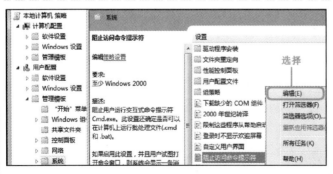

图 5-46

04 选择菜单项

在【系统】文件夹中右键单击【阻止访问命令提示符】选项，在弹出的快捷菜单中选择【编辑】菜单项，如图 5-46 所示。

图 5-47

05 选中【已禁用】单选
按钮

No1 弹出【阻止访问命令提示
符】对话框，选中【已禁
用】单选按钮。

No2 单击【确定】按钮即可完
成设置，如图 5-47 所示。

5.5 实践案例与上机操作

本节导读

通过本章的学习，用户可以掌握设置外观和主题的方法，并对更改桌面、个性化设置和账户管理的知识有所了解，下面通过几个实践案例进行上机操作，以达到巩固学习、拓展提高的目的。

5.5.1 设置系统日期和时间

在 Windows 7 中设置时间与日期的方法非常简单，可以通过【开始】菜单来设置，也可以通过任务栏上的时间与日期来设置，下面详细介绍设置系统时间和日期的操作方法。

图 5-48

01 单击任务栏上的时间和
日期区域

单击桌面右下角任务栏上的
时间和日期区域，如图 5-48
所示。

图 5-49

02 弹出时间和日期窗口

弹出时间和日期窗口，单击
【更改日期和时间设置】链接，如
图 5-49 所示。

图 5-50

03 弹出【日期和时间】对话框

弹出【日期和时间】对话框，单击【更改日期和时间】按钮，如图 5-50 所示。

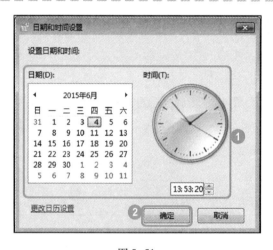

图 5-51

04 弹出对话框

No1 弹出【时间和日期设置】对话框，在【日期】选项中可以设置日期，在【时间】微调框中可以设置时间。

No2 单击【确定】按钮即可完成时间和日期的设置，如图 5-51 所示。

5.5.2　设置电源计划

通过电源任务计划可以将任何脚本、程序或文档安排在某个时间运行，任务计划在每次启动 Windows 7 系统的时候自动启动并在后台运行，下面详细介绍设置电源计划的操作方法。

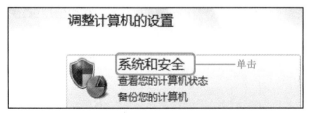

图 5-52

01 单击链接

打开【控制面板】窗口，单击【系统和安全】链接，如图 5-52 所示。

图 5-53

02 进入窗口

进入【系统和安全】窗口，在【管理工具】选项中单击【计划任务】链接，如图 5-53 所示。

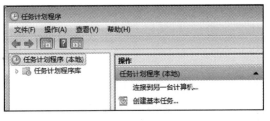

图 5-54

03 弹出对话框

弹出【任务计划程序】对话框，单击【创建基本任务】选项，如图 5-54 所示。

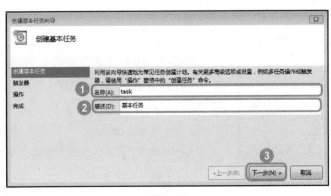

图 5-55

04 弹出对话框

No1 弹出【创建基本任务向导】对话框，在【名称】文本框中输入名称。

No2 在【描述】文本框中输入内容。

No3 单击【下一步】按钮，如图 5-55 所示。

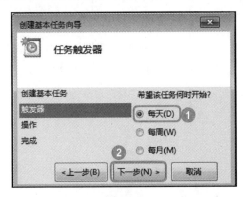

图 5-56

05 进入【任务触发器】界面

No1 进入【任务触发器】界面，选择【每天】单选按钮。

No2 单击【下一步】按钮，如图 5-56 所示。

图 5-57

06 进入【每日】界面

No1 进入【每日】界面，在【每隔】文本框中输入数值。

No2 单击【下一步】按钮，如图 5-57 所示。

图 5-58

07 进入【操作】界面

No1 进入【操作】界面，选择【启动程序】单选按钮。

No2 单击【下一步】按钮，如图 5-58 所示。

图 5-59

08 进入【启动程序】界面

No1 进入【启动程序】界面，在【程序或脚本】文本框中输入地址。

No2 单击【下一步】按钮，如图 5-59 所示。

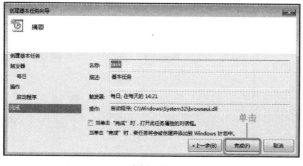

图 5-60

09 进入【摘要】界面

进入【摘要】界面，单击【完成】按钮即可完成基本任务的创建，如图 5-60 所示。

5.5.3 删除不需要的用户账户

在 Windows 7 中可以删除不需要的用户账户，下面介绍删除账户的操作方法。

图 5-61

01 单击链接

打开【控制面板】窗口，在【用户账户和家庭安全】选项中单击【添加或删除用户账户】链接，如图 5-61 所示。

图 5-62

02 进入【管理账户】窗口

进入【管理账户】窗口，双击需要删除的账户，如图 5-62 所示。

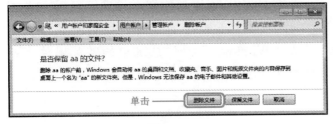

图 5-63

03 进入【更改 aa 账户】窗口

进入【更改 aa 账户】窗口，单击【删除账户】链接，如图 5-63 所示。

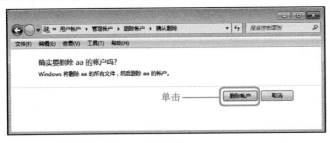

图 5-64

04 单击【删除文件】按钮

进入【是否保留 aa 的文件】窗口，单击【删除文件】按钮，如图 5-64 所示。

图 5-65

05 单击【删除账户】按钮

进入【确认删除】窗口，单击【删除账户】按钮即可完成删除账户的操作，如图 5-65 所示。

第 6 章
应用Windows 7的常见附件

本章内容导读

本章主要介绍 Windows 7 操作系统中的一些常见附件，包括写字板、计算器、放大镜、讲述人、屏幕键盘和画图工具，还介绍了 Tablet PC 工具的使用，最后针对实际的工作需求讲解了便笺、截图工具、录音机的使用方法以及 Windows 7 自带小游戏的玩法等。通过本章的学习，读者可以对 Windows 7 操作系统中的常见附件有一个初步了解，为进一步学习 Windows 7 操作系统奠定了基础。

本章知识要点

- ☑ 使用写字板
- ☑ 使用计算器
- ☑ 使用画图程序
- ☑ 玩游戏

6.1　使用写字板

本节导读

　　在 Windows 7 操作系统中自带了具有强大的文字和图片处理功能的写字板，用户可以在其中进行输入并设置文字、插入图片和绘图等操作。 本节将详细介绍使用写字板的操作方法。

6.1.1　输入汉字

　　启动写字板后，选择合适的输入法即可在写字板中输入汉字。下面介绍在写字板中输入汉字的操作方法。

图 6-1

01 选择菜单项

No1 单击【开始】按钮。

No2 在弹出的菜单中选择【所有程序】菜单项，如图 6-1 所示。

图 6-2

02 展开【附件】菜单项

No1 在【所有程序】菜单中展开【附件】菜单项。

No2 在展开的【附件】菜单项中选择【写字板】菜单项，如图 6-2 所示。

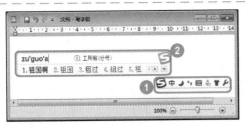

图 6-3

03 选择输入法

No1 选择经常使用的汉字输入法。

No2 输入汉语拼音，如图 6-3 所示。

6.1.2 插入图片

在 Windows 7 的写字板中可以插入电脑中的图片，从而丰富文档内容。下面介绍插入图片的操作方法。

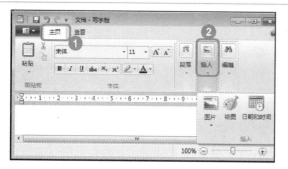

图 6-4

01 选择【主页】选项卡

No1 将光标定位在写字板中，选择【主页】选项卡。

No2 在【插入】组中单击【图片】按钮 的上部，如图 6-4 所示。

图 6-5

02 弹出对话框

No1 弹出【选择图片】对话框，选择准备插入的图片。

No2 单击【打开】按钮 ，如图 6-5 所示。

图 6-6

03 完成插入

通过上述操作即可在写字板中插入图片，如图 6-6 所示。

举一反三

在【插入】组中单击【绘图】按钮，在打开的【位图图像在文档中－画图】窗口中绘图后关闭该窗口即可将绘制的图像插入写字板中。

6.1.3 保存文档

使用写字板工具编辑完成文档后，可以将编辑好的文档保存到电脑中，以备日后查看或使用。下面介绍保存写字板文档的操作方法。

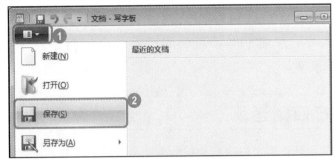

图 6-7

01 选择菜单项

No1 在写字板中完成操作后单击【写字板】按钮 ▤▾。

No2 在展开的菜单中选择【保存】菜单项，如图 6-7 所示。

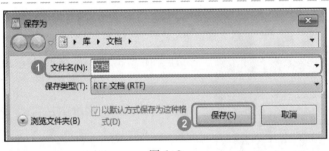

图 6-8

02 弹出对话框

No1 弹出【保存为】对话框，在【文件名】文本框中输入文件名。

No2 单击【保存】按钮，如图 6-8 所示。

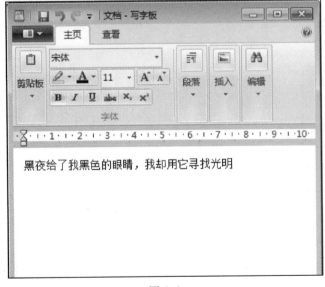

图 6-9

03 完成操作

通过上述操作即可保存文档，如图 6-9 所示。

举一反三

在标题栏中单击【保存】按钮也可以弹出【保存为】对话框对文档进行保存；按下键盘上的【Ctrl】+【S】组合键可以快速保存文档。

Section

6.2 使用计算器

在 Windows 7 操作系统中，使用系统自带的计算器可以进行数据的计算，如管理家庭或公司的开支状况等，也可以进行科学运算，如函数等。本节将介绍使用计算器进行运算的方法。

6.2.1 使用计算器进行四则运算

在 Windows 7 中启动计算器后，使用计算器可以进行简单的四则运算，从而节省计算时间。下面以计算"26×8+6"为例介绍进行四则运算的操作方法。

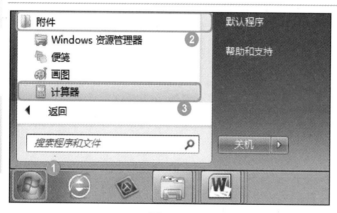

图 6-10

01 选择菜单项

No1 在 Windows 7 桌面中单击【开始】按钮 。

No2 在弹出的菜单中选择【所有程序】菜单项，展开【附件】菜单。

No3 选择【计算器】菜单项，如图 6-10 所示。

图 6-11

02 输入数字

打开【计算器】窗口，单击【2】按钮 2 ，然后单击【6】按钮 6 ，单击【＊】按钮 ＊ （即乘号），单击【8】按钮 8 ，单击【＋】按钮 ＋ ，单击【6】按钮 6 ，单击【＝】按钮 ＝ ，如图 6-11 所示。

图 6-12

03 完成计算

通过上述操作即可完成"26 × 8 + 6"的四则运算，如图 6-12 所示。

举一反三

计算完成后单击【C】按钮 即可将计算器清零，以便进行新一轮的计算操作。

6.2.2 使用计算器进行科学运算

将计算器转换为科学型后可以使用计算器进行复杂的科学运算，从而节省运算时间。下面以计算 "$8^9 + 10^5 - 7!$" 为例介绍使用计算器进行科学计算的方法。

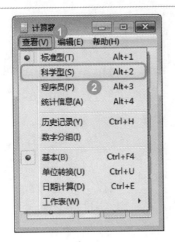

图 6-13

01 选择菜单项

No1 在 Windows 7 中打开【计算器】窗口，选择【查看】菜单。

No2 在弹出的下拉菜单中选择【科学型】菜单项，如图 6-13 所示。

图 6-14

02 输入数字

No1 单击【8】按钮 8 。

No2 单击【x^y】按钮 x^y 。

No3 单击【9】按钮 9 ，如图 6-14 所示。

新手学电脑完全自学手册（Windows 7+Office 2010版）

图 6-15

 输入数字

No1 单击【+】按钮 + 。

No2 单击【5】按钮 5 。

No3 单击【10^x】按钮 10ˣ，如图 6-15 所示。

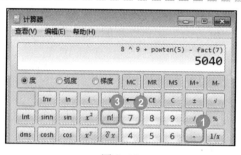

图 6-16

04 输入数字

No1 单击【－】按钮 - 。

No2 单击【7】按钮 7 。

No3 单击【n!】按钮 n!，如图 6-16 所示。

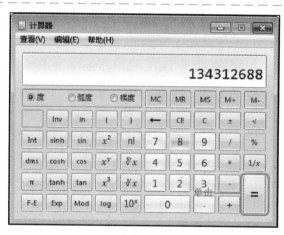

图 6-17

05 完成计算

单击【＝】按钮 = ，通过上述操作即可完成"$8^9 + 10^5 - 7!$"的运算，如图 6-17 所示。

举一反三

启动计算器后，在键盘上依次按下相应的数字键，也可输入数字进行运算。

删除输入错误的数字

在使用计算器进行计算时，如果输入的数字错误，则单击【←】按钮 ← 可以依次删除显示栏中的最后一位数字，从而输入正确的数字。

知识精讲

电脑中的计算器可以输入高达 32 位的数值，并且具有复制、粘贴的功能，可以将运算的结果存储到电脑硬盘中。

6.3 使用画图程序

在 Windows 7 操作系统中提供了多种程序，如文字处理、图片编辑、媒体播放和娱乐游戏等程序，如果不能满足使用需要，用户也可自行添加。 本节将介绍管理电脑程序的方法。

6.3.1 在电脑中画画

Windows 7 自带了画图程序，可以使用该程序在电脑中画画，并与家人分享。下面介绍在电脑中画画的操作方法。

图 6-18

01 选择菜单项

No1 在 Windows 7 桌面上单击【开始】按钮。

No2 在弹出的【开始】菜单中选择【所有程序】菜单项，如图 6-18 所示。

图 6-19

02 选择【画图】菜单项

No1 展开【附件】菜单。

No2 在【附件】菜单中选择【画图】菜单项，如图 6-19 所示。

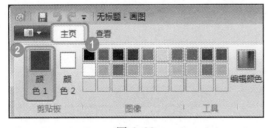

图 6-20

03 设置颜色 1

No1 选择【主页】选项卡。

No2 在【颜色】组中单击【颜色1】按钮设置颜色，如图 6-20 所示。

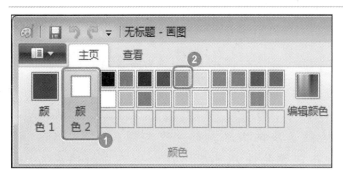

图 6-21

04 设置颜色2

No1 在【颜色】组中单击【颜色2（背景色）】按钮。

No2 在颜色框中选择准备应用的颜色选项，如图 6-21所示。

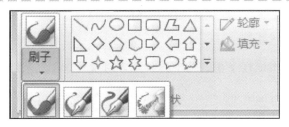

图 6-22

05 设置笔刷

单击【刷子】按钮的下部，在弹出的下拉列表中选择准备应用的刷子选项，如图 6-22所示。

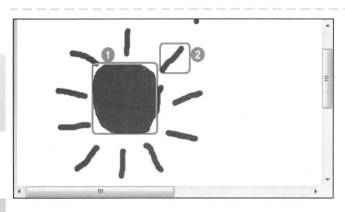

图 6-23

06 画图

No1 移动鼠标指针至画图程序的工作区域，单击并拖动鼠标左键，使用颜色1在工作区域中画画。

No2 释放鼠标左键后单击【颜色2】按钮，使用颜色2在工作区域中画画，如图 6-23所示。

教你一招

擦除多余图像

在画图程序中绘制图像后，设置颜色2为白色，在【工具】组中单击【橡皮擦】按钮，单击并拖动鼠标即可擦除图像的一部分，并用颜色2替代。

6.3.2 保存图像

在画图程序中完成图像的绘制后可以将其保存到电脑中，以备日后查看。下面介绍保存图像的操作方法。

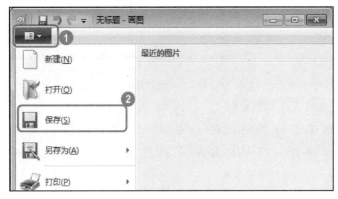

图 6-24

图 6-25

图 6-26

01 选择菜单项

No1 在画图程序中绘制图形后单击【画图】按钮 。

No2 在展开的菜单中选择【保存】菜单项，如图 6-24 所示。

02 弹出对话框

No1 弹出【保存为】对话框，在【文件名】文本框中输入文件名。

No2 单击【保存】按钮，如图 6-25 所示。

03 完成操作

通过上述操作即可保存图像，如图 6-26 所示。

举一反三

在快速启动工具栏中单击【保存】按钮也可弹出【另存为】对话框，进行图像的保存。

 教你一招

添加自定义颜色

画图程序提供了 20 几种可选颜色和 10 几种自定义颜色，在【颜色】组中单击【编辑颜色】按钮，在【编辑颜色】对话框中拾取颜色，单击【确定】按钮即可添加自定义颜色。

6.4 玩游戏

在 Windows 7 操作系统中自带了许多好玩的小游戏，使用户能够在繁忙的工作之外放松一下心情。 本节将介绍在 Windows 7 操作系统中玩游戏的操作方法。

6.4.1 扫雷游戏

扫雷是 Windows 7 操作系统中经典的一款记忆和推理小游戏，玩家可以在玩的时候锻炼推理能力。下面介绍玩扫雷游戏的方法。

图 6-27

01 选择菜单项

No1 在 Windows 7 桌面上单击【开始】按钮。

No2 在弹出的【开始】菜单中选择【所有程序】菜单项，展开【游戏】菜单。

No3 选择【扫雷】菜单项，如图 6-27 所示。

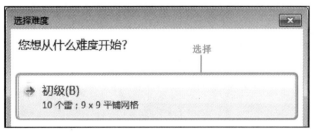

图 6-28

02 选择菜单项

弹出【选择难度】对话框，选择准备开始的难度选项，如选择【初级】选项，如图 6-28 所示。

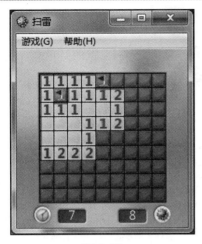

图 6-29

03　玩游戏

No1　打开【扫雷】窗口，单击鼠标左键翻开空白的方块。

No2　每个方块中的数字表示在此方块周围的 8 个方块中地雷的数目。根据空白方块中的数字提示推断出地雷的位置，单击鼠标右键插上小红旗，如图 6-29 所示。

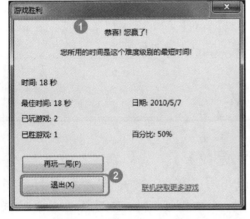

图 6-30

04　单击【退出】按钮

No1　将游戏中所有的地雷位置都插上小红旗后游戏结束，弹出【游戏胜利】对话框。

No2　单击【退出】按钮即可退出游戏，如图 6-30 所示。

6.4.2　空当接龙

空当接龙是 Windows 7 操作系统自带的一款简单、好玩的经典小游戏，适合各个年龄阶段的用户在工作之余放松心情。下面介绍玩空当接龙的方法。

图 6-31

01　选择菜单项

单击【开始】按钮，选择【所有程序】→【游戏】→【空当接龙】菜单项，如图 6-31 所示。

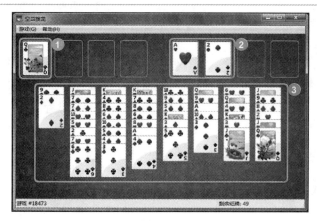

图6-32

02 玩游戏

No1 按照红色和黑色交替的规律以从 K 到 A 的顺序移动纸牌。

No2 将无用的纸牌移动到左上方的空位中。

No3 系统自动将纸牌按照相同花色以从 A 到 K 的顺序移动到右上方的空位中，所有纸牌都移动完成即可完成游戏，如图6-32所示。

教你一招

更改游戏外观

在【空当接龙】窗口中选择【游戏】→【更改外观】菜单项，在弹出的【更改外观】对话框中选择纸牌图案和背景可以更改游戏外观。

Section 6.5 实践案例与上机操作

本节导读

通过本章的学习，用户可以掌握使用写字板的方法，并对计算器、画图程序、Tablet PC、轻松访问工具和游戏知识有所了解，下面通过几个实践案例进行上机操作，以达到巩固学习、拓展提高的目的。

6.5.1 使用便笺

在 Windows 7 中可以使用便笺记录当日的工作情况，下面介绍使用便笺的操作方法。

图6-33

01 选择菜单项

No1 在 Windows 7 桌面上单击【开始】按钮。

No2 在弹出的【开始】菜单中选择【所有程序】菜单项，展开【附件】菜单项。

No3 选择【便笺】菜单项，如图6-33所示。

图6-34

02 输入便笺

No1 打开便笺对话框，输入便笺内容。

No2 单击【新建便笺】按钮 ➕，如图6-34所示。

图6-35

03 新建便笺

打开一个新的便笺对话框，在其中输入新便笺的内容，如图6-35所示。

6.5.2 使用截图工具

Windows 7自带的截图工具可以捕捉屏幕上的内容，然后再将其粘贴到需要的位置。下面介绍使用截图工具的操作方法。

图6-36

01 选择菜单项

单击【开始】按钮，选择【所有程序】→【附件】→【截图工具】菜单项，如图6-36所示。

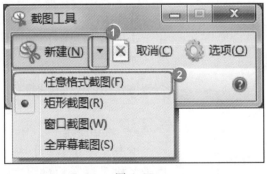

图6-37

02 选择截图格式

No1 打开【截图工具】窗口，单击【新建】按钮右侧的下拉箭头。

No2 在弹出的下拉菜单中选择【任意格式截图】菜单项，如图6-37所示。

图 6-38

鼠标指针变为 🖉 形，按住鼠标左键并拖动在屏幕上绘制任意区域，如图 6-38 所示。

图 6-39

04 完成操作

释放鼠标左键即可打开【截图工具】窗口，在工作区中显示捕捉的屏幕区域，如图 6-39 所示。

6.5.3 使用录音机

"录音机"程序可以从不同音频设备中录制声音，下面介绍录音机的使用方法。

图 6-40

01 选择菜单项

单击【开始】按钮，选择【所有程序】→【附件】→【录音机】菜单项，如图 6-40 所示。

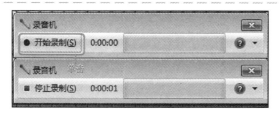

图 6-41

02 弹出对话框

在弹出的【录音机】对话框中单击【开始录制】按钮即可录音，如图 6-41 所示。

图 6-42

03 停止录音

单击【停止录制】按钮，使用录音机录制音频操作完成，如图 6-42 所示。

第 1 章
轻松学打字

本章内容导读

本章主要介绍汉字输入的有关知识，包括输入法的添加、删除等设置，以及如何使用微软拼音输入法和五笔字型输入法输入汉字及词组等，最后还针对实际的工作需求讲解了设置输入法的快速启动键、双语输入、微软拼音输入法模糊拼音的设置等。通过本章的学习，读者可以掌握有关输入法的知识，为进一步学习电脑知识奠定了基础。

本章知识要点

☑ 输入法管理
☑ 微软拼音输入法
☑ 五笔输入法

Section
7.1 输入法管理

如果准备在电脑中输入汉字，首先需要对系统输入法进行设置，如添加输入法、删除输入法、选择输入法和切换输入法等。 本节将介绍在 Windows 7 系统中设置系统输入法的方法。

7.1.1 添加输入法

设置、添加自己熟悉的输入法可以提高文字输入的速度和精准度，同时可以提高工作的效率。下面详细介绍如何在 Windows 7 操作系统中添加输入法。

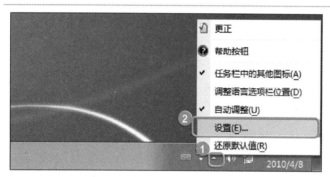

图 7-1

图 7-2

01 选择菜单项

No1 在语言栏中单击【选项】按钮。

No2 在弹出的下拉菜单中选择【设置】菜单项，如图 7-1 所示。

02 选择【常规】选项卡

No1 弹出【文本服务和输入语言】对话框，选择【常规】选项卡。

No2 单击【添加】按钮，如图 7-2 所示。

 举一反三

右键单击输入法也可以找到【设置】菜单项。

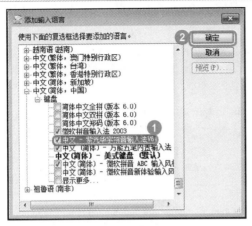

图 7-3

图 7-4

图 7-5

03 **选择复选框**

No1 弹出【添加输入语言】对话框，在【使用下面的复选框选择要添加的语言】列表框中选择准备添加的输入法复选框。

No2 单击【确定】按钮，如图 7-3 所示。

04 **单击【确定】按钮**

返回【文本服务和输入语言】对话框，在【已安装的服务】列表框中显示添加的输入法，单击【确定】按钮即可完成输入法的添加，如图 7-4 所示。

05 **完成添加**

在语言栏中单击【中文（简体）】按钮，在弹出的输入法菜单中即可显示添加的输入法，如图 7-5 所示。

7.1.2 删除输入法

删除输入法是指删除输入法列表中的多余输入法，从而使输入法列表保持整洁，便于输入法的选择。

打开【文本服务和输入语言】对话框后选择【常规】选项卡，在【已安装的服务】列表框中选择准备删除的输入法选项，单击【删除】按钮 删除(R) ，然后单击【确定】按钮即可删除选择的输入法，如图 7-6 所示。

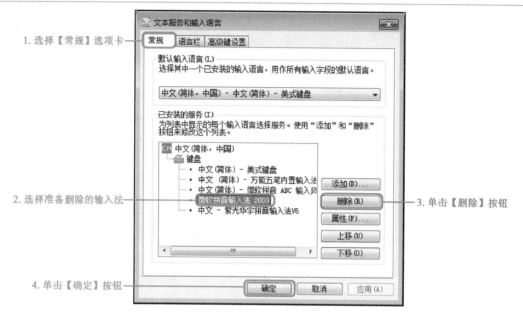

图 7-6

7.1.3 切换输入法

切换输入法的方法很简单，下面详细介绍切换输入法的操作方法。

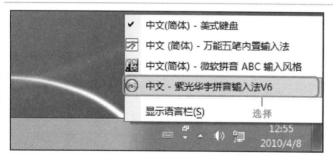

图 7-7

01 选择输入法

在语言栏中单击【中文（简体）】按钮，在弹出的输入法菜单中选择准备切换的输入法选项，如图 7-7 所示。

图 7-8

02 完成切换

通过上述操作即可切换输入法，如图 7-8 所示。

7.1.4　设置默认的输入法

电脑中默认的输入法一般是美式键盘，也就是说用户每次打字的时候都需要切换到中文输入法，如大家比较常用的五笔、智能 ABC 或者搜狗拼音等输入法，这给工作带来了不便，用户可以根据需要设置默认的输入法。下面详细介绍设置默认输入法的方法。

右键单击输入法按钮，在弹出的菜单中选择【设置】菜单项，如图 7-9 所示。

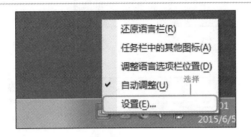

图 7-9

弹出【文本服务和输入语言】对话框，在【默认输入语言】区域单击下拉按钮，在弹出的列表框中选择默认输入法即可，如图 7-10 所示。

图 7-10

Section 7.2　微软拼音输入法

本节导读

微软拼音输入法是比较常用的一款汉字输入法，用户只要掌握汉字的拼音即可输入汉字，而且词组比较智能化，因此受到广大使用者的喜爱。本节将介绍使用微软拼音输入法进行全拼输入、简拼输入和混拼输入的操作方法。

7.2.1　全拼输入单字

全拼输入是指在输入汉字词语时输入汉字的全部拼音，从而输入汉字的方法。下面以输入词组"渤海湾"为例介绍全拼输入的操作方法。

图 7-11

01 输入词组

No1 启动记事本，选择"微软拼音新体验输入风格"输入法。

No2 使用键盘输入词组"渤海湾"的拼音"bohaiwan"，如图 7-11 所示。

图 7-12

02 完成输入

在键盘上按下空格键确认选择"词条1"，再次按下空格键即可完成使用全拼输入词组的操作，如图 7-12 所示。

7.2.2　简拼输入单字

简拼输入是指在输入汉字词语时仅输入汉字的汉语拼音首字母即可输入汉字的方法。简拼输入的方法因减少了输入字母的数量，从而可以快速提高输入速度。下面以输入词组"渤海湾"为例介绍简拼输入的操作方法。

图 7-13

01 输入首字母

No1 启动记事本，选择"微软拼音新体验输入风格"输入法。

No2 使用键盘输入词组"渤海湾"的拼音首字母"bhw"，如图 7-13 所示。

图 7-14

02 完成输入

在键盘上按下空格键确认选择"词条1"，再次按下空格键即可完成使用简拼输入词组的操作，如图 7-14 所示。

Section
7.3 五笔输入法

本节导读

五笔输入法是五笔字型输入法的简称，是当前使用最广泛的一种中文输入法，由于五笔输入法依据汉字的字型特征和书写习惯采用字根输入方案，因此具有重码少、词汇量大、输入速度快等特点。本节将介绍五笔输入法的有关知识。

7.3.1 汉字的构成

五笔字型输入法属于汉字的形码输入方法，采用字形分解、拼形输入（相对于"拼音输入"）的编码方案。五笔字型输入法按照汉字构成的基本规律并结合电脑处理汉字的能力将汉字分成笔画、字根和单字 3 个层次。

1. 笔画

笔画是书写汉字时一次写成的连续不断的线段。笔画自身可以成为简单的文字，如汉字"一"。但五笔字型输入法依据书写汉字时的运笔方向将汉字的基本构成单位规定为"横""竖""撇""捺""折"5 种基本笔画。

2. 字根

字根是构成汉字最重要、最基本的单位，由若干笔画交叉连接而形成，在组成单字时相对不变的结构称为字根，字根最有形状和含义。

3. 单字

在五笔字型输入法中，单字是指字根与字根之间按照一定的位置关系拼装组合而成的汉字，如"我""你""幸"和"福"等，在五笔字型输入法中它们都被称为"单字"。

笔画是汉字最基本的组成单位，是字根五笔输入法中构成单字的"灵魂"。笔画、字根和单字的构成关系如表7-1所示。

表7-1　笔画、字根和单字的构成

笔　画	字　根	单　字
丿、一、丶、乚	竹、丿、二、乚	笔
一、丨、𠃌、乚	一、田、凵	画
丶、丿、乛、乙、一	宀、子	字
丶、丿、丨、𠃌、一	丷、日、十	单

在使用五笔字型输入法输入汉字时，只需将汉字拆分成字根，然后依单字和词组构成的顺序和结构在键盘上按下与字根对应的按键，电脑会根据输入的字根代码在文字候选框中检索出所需汉字。

7.3.2　五笔字根在键盘上的分布

由若干笔画单独或者经过交叉连接而成，在组成汉字时相对不变的结构称为字根。应该注意的是，字根的笔画结构相对不变，但是在不同汉字中的位置可以不同。

五笔字型输入法将字根精选出130个常用字根，称为"基本字根"。没有入选的字根称为"非基本字根"，"非基本字根"是可以拆分成基本字根的。如汉字"不"可以拆分成"一"和"小"两个基本字根。

在130个基本字根中，本身就是构成一个汉字的，如"王""木""工"等，称为"成字字根"。本身不能构成汉字的，如"宀""凵"等，称为"非成字字根"。

五笔汉字编码原理是将这130个常用的基本字根按照一定的规律分配在电脑键盘上，只要把五笔字型的字根对应放在英文字母按键上，这个键盘就成为一个五笔字型字根键盘了，其分布规律如图7-15所示。

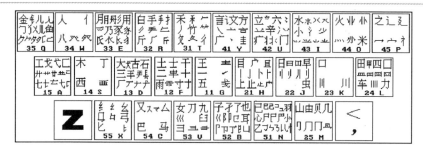

图7-15

7.3.3　五笔字根助记歌

五笔字根助记歌是为了便于用户记忆而编写的，包含了所有字根的押韵文字口诀。随着时间的推移，字根口诀先后出现了众多的版本，最受大众认可的是由五笔之父"王永民先生"最初推出的五笔字根口诀，王永民推出的五笔字根助记歌共有3个版本，这里介绍最新版本"新世纪版"，如表7-2所示。

表7-2　常用计算机术语

区	位	代码	字母	五笔字型记忆口诀
1 横区	1	11	G	王旁青头戋（兼）五一
	2	12	F	土士二干十寸雨
	3	13	D	大犬三羊（羊）古石厂
	4	14	S	木丁西
	5	15	A	工戈草头右框七
2 竖区	1	21	H	目具上止卜虎皮
	2	22	J	日早两竖与虫依
	3	23	K	口与川，字根稀
	4	24	L	田甲方框四车力
	5	25	M	山由贝，下框几
3 撇区	1	31	T	禾竹一撇双人立，反文条头共三一
	2	32	R	白手看头三二斤
	3	33	E	月彡（衫）乃用家衣底
	4	34	W	人和八，三四里
	5	35	Q	金（钅）勺缺点无尾鱼，犬旁留儿一点夕，氏无七（妻）
4 捺区	1	41	Y	言文方广在四一，高头一捺谁人去
	2	42	U	立辛两点六门疒（病）
	3	43	I	水旁兴头小倒立
	4	44	O	火业头，四点米
	5	45	P	之字宝盖建道底，摘礻（示）衤（衣）
5 折区	1	51	N	已半巳满不出己，左框折尸心和羽
	2	52	B	子耳了也框向上
	3	53	V	女刀九臼山朝西
	4	54	C	又巴马，丢矢矣
	5	55	X	慈母无心弓和匕，幼无力

7.3.4　汉字的拆分原则

学习五笔字型输入法的过程其实就是学习如何将汉字拆分成基本字根的过程。下面将介绍拆分文字的操作方法。

1. 汉字的3种字型

在对汉字进行分类时，五笔字型输入法依据书写汉字时的顺序和结构对汉字进行了分类，根据汉字字根间的位置关系可以将汉字分为左右型、上下型和杂合型，如表7-3所示。

表7-3　汉字的3种字型

字型	说　　明	结构	图示	字例
左右型	分为双合字和三合字两种类型。双合字是两个部分分列左右，其间有一定的间距。三合字是整字的3个部分从左到右并列，或者单独占据一边的一部分和另外两部分左右排列	双合字		组、伴、把
		三合字		湖、浏、侧
		三合字		指、流、借
		三合字		数、部、封
上下型	双合字和三合字两种类型。双合字是上、下两部分分列，其间有一定间距。三合字是整字的3个部分上下排列，或者单独占据一边的一部分和另外两部分上下排列	双合字		分、芯、字
		三合字		意、竟、莫
		三合字		恕、型、照
		三合字		崔、荡、森
杂合型	分为单体、全包围和半包围3个种类。整字的每个部分之间没有明显的结构位置关系，不能明显地分为左右或上下关系。字根之间虽有间距，但总体呈一体	单体字		口、目、乙
		全包围		回、因、国
		半包围		同、风、冈
		半包围		凶、函、凼
		半包围		包、勾、赵

2. 字根之间的结构关系

一切汉字都是由基本字根和非基本字根的单体结构组合而成的。在组合汉字时按照字根之间的位置关系可以将字根分为4种结构，分别是"单"、"散"、"连"和"交"结构。

（1）单：指基本字根本身就是一个汉字，也就是"成字字根"，如"口"、"月"、"金"、"王"等汉字。

（2）散：指整字由多个字根组成，并且组成汉字的字根之间有一定的距离，既不相连也不相交，如"汉"、"吕"、"国"等。

（3）连：有两种情况，一种是单笔画与基本字根相连，如汉字"白"是由单笔画"丿"和基本字根"日"组合而成的；另一种是带点的结构均被认为相连，如汉字"犬"是右基本字根"大"和单笔画"、"组合而成。

（4）交：由多个字根交叉重叠之后组合成的汉字，如汉字"申"是由基本字根"日"和基本字根"｜"交叉组合而成。

3. 汉字字根的拆分原则

汉字的拆分其实就是将构成汉字的部分拆分成基本字根的逆过程。当然汉字的拆分也是有一定规律的，根据拆分的规律可以总结出拆分时的5个原则。这5个原则分别是"书写顺序的原则""取大优先的原则""兼顾直观的原则""能散不连的原则"和"能连不交的原则"，下面详细介绍一下这5个原则。

（1）书写顺序的原则：拆分汉字时必须按照汉字的书写顺序进行拆分，如汉字"明"

的拆分顺序是先拆分汉字左边的基本字根"日"，然后拆分汉字右边的基本字根"月"。

（2）取大优先的原则：指拆分汉字时按照书写顺序拆分汉字的同时要拆出尽可能大的字根，从而保证拆分出的字根数量最少。如汉字"故"的正确拆分顺序是先拆分汉字左边的基本字根"古"，然后拆分汉字右边的基本字根"攵"，而不能拆分成"十""口""攵"。

（3）兼顾直观的原则：指在拆分汉字时要尽量照顾汉字的直观性，一个笔画不能分割在两个字根中，如汉字"国"的正确拆分顺序是先拆分汉字外围基本字根"囗"，然后拆分汉字内围基本字根"王"和"、"，而不能拆分成"冂""国""、"和"一"。

（4）能散不连的原则：如果一个汉字能拆分成几个基本字根的"散"关系，不要拆分成"连"的关系。有时字根之间的关系介于散和连之间，如果不是单笔画字根，则均按照散的关系处理，如汉字"午"的正确拆分顺序是先拆分汉字的基本字根"𠂉"，然后拆分汉字的基本字根"十"，而不能拆分成"丿"和"干"。

（5）能连不交的原则：如果一个汉字能拆分成几个基本字根的"连"关系，不要拆分成"交"的关系。如汉字"千"的正确拆分顺序是先拆分基本字根"丿"，然后拆分基本字根"十"，而不能拆分成"丿""一""丨"。

智慧锦囊

一般情况下，在遵循以上5个原则的同时，应注意在拆分汉字的过程中要拆出最大的基本字根，而在字根数目相等的前提下"散"比"连"优先、"连"比"交"优先。

7.3.5 输入汉字

五笔字型输入法一般在键盘上敲击4次即可完成一个汉字的输入，使用五笔输入法输入汉字可以大大提高输入文字的速度，节省操作时间，提升工作效率。下面介绍一下使用五笔输入法输入汉字的操作方法。

1. 键名输入

键名是指在键盘上从【A】~【Y】的每个键位上的第一个字根，也就是"记忆口诀"中打头的那个字根。键名输入是在键名所在的按键处连击4次即可得到该键的名字。键名汉字一共有25个字，其分布规律如表7-4所示。

表7-4 键名汉字

键名汉字	编码	键名汉字	编码	键名汉字	编码
01. 金	QQQQ	02. 人	WWWW	03. 月	EEEE
04. 白	RRRR	05. 禾	TTTT	06. 言	YYYY
07. 立	UUUU	08. 水	IIII	09. 火	OOOO

（续）

键名汉字	编码	键名汉字	编码	键名汉字	编码
10. 之	PPPP	11. 工	AAAA	12. 木	SSSS
13. 大	DDDD	14. 土	FFFF	15. 王	GGGG
16. 目	HHHH	17. 日	JJJJ	18. 口	KKKK
19. 田	LLLL	20. 纟	XXXX	21. 又	CCCC
22. 女	VVVV	23. 子	BBBB	24. 已	NNNN
25. 山	MMMM				

2. 一级简码输入

在除【Z】键以外的 25 个字母按键上，每个按键都安排了一个使用频率最高的汉字，这 25 个汉字被称为一级简码，其分布规律如图 7-16 所示。

图 7-16

3. 成字字根汉字的输入

在字根表中，键名以外自身也是汉字字根的称为"成字字根"。成字字根汉字的编码规则为成字字根所在的键名代码 + 首笔代码 + 次笔代码 + 末笔代码，不足 4 码时可以用空格代替。部分成字字根汉字的编码如表 7-5 所示。

表 7-5　部分成字字根汉字的编码表

汉　　字	键名代码	首笔代码	次笔代码	末笔代码
五	五（G）	一（G）	丨（H）	一（G）
贝	贝（M）	丨（H）	乙（N）	丶（Y）
十	十（F）	一（G）	丨（H）	空格

4. 输入普通汉字

在掌握五笔输入法的拆分原则和输入汉字的编码原理后，下面结合这些知识以输入汉字"超"为例介绍一下使用五笔字型输入法输入普通汉字的操作方法。

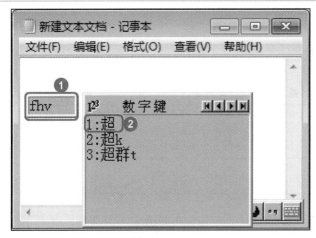

图 7-17

01 输入字根所在键

No1 打开文本文档后，在语言栏中选择五笔字型输入法，如【王码五笔型输入法 86 版】，在键盘上输入"超"字的字根所在键，即"fhv"。

No2 在候选窗格中显示候选汉字，在键盘上按下"超"字所在的序列号，即数字键"1"，如图 7-17 所示。

图 7-18

02 完成输入

完成以上操作步骤即可使用【王码五笔型输入法 86 版】输入法得到所需文字"超"，如图 7-18 所示。

7.3.6　输入词组

五笔输入法采用所有词汇编码都为 4 码输入的方式，这就比其他输入方法的重码率要低很多。五笔字型输入法输入词组的取码规则有"双字词组""三字词组""四字词组"和"多字词组" 4 种情况，本节将对使用五笔字型输入法输入词组的操作步骤和方法做详细介绍。

1. 双字词组的输入

熟练掌握双字词组的输入方法可以有效提高输入汉字的速度，而且在汉语词组中占据相当大的比重。双字词组的输入方法是分别取词组中每个单字的前两个字根代码进行组合编码得到所需要的汉字，如表 7-6 所示。

表 7-6　输入双字词组的方法

词　组	第一字根	第二字根	第三字根	第四字根	区　位	编码
机器	木（S）	几（M）	口（K）	口（K）	14、25、23、23	SMKK
经济	纟（X）	又（C）	氵（I）	文（Y）	53、54、43、41	XCIY
家庭	宀（P）	豕（E）	广（Y）	丿（T）	45、33、41、31	PEYT
方法	方（Y）	丶（Y）	氵（I）	土（F）	41、41、43、12	YYIF

2. 三字词组的输入

三字词组的输入方法是分别取前两个汉字的第一个字根代码，再取第三个汉字的前两码，如表7-7所示。

表7-7　输入三字词组的方法

词　　组	第一字根	第二字根	第三字根	第四字根	区　　位	编　码
男子汉	田（L）	子（I）	氵（I）	又（C）	24、52、43、54	LBIC
运动员	二（F）	二（F）	口（K）	贝（M）	12、12、23、25	FFKM
计算机	讠（Y）	竹（T）	木（S）	几（M）	41、31、14、25	YTSM
生产率	丿（T）	立（U）	亠（Y）	幺（X）	31、42、41、55	TUYX

3. 四字词组的输入

四字词组的输入方法也非常简单，按下词组中每个字的第一个字根的所在键即可，如表7-8所示。

表7-8　输入四字词组的方法

词　　组	第一字根	第二字根	第三字根	第四字根	区　　位	编　码
自告奋勇	丿（T）	丿（T）	大（D）	マ（C）	31、31、13、54	TTDC
艰苦奋斗	又（C）	艹（A）	大（D）	氵（U）	54、15、13、42	CADU
信息处理	亻（W）	丿（T）	夂（T）	王（G）	43、45、55、13	WTTG
当机立断	⺍（I）	木（S）	立（U）	米（O）	43、14、42、44	ISUO

4. 多字词组的输入

多字词组是指多于4个字的词组，如"中央人民广播电台"。多字词组的输入方法是从键盘输入第一、第二、第三个汉字和最后一个汉字的第一个字根代码，如表7-9所示。

表7-9　输入多字词组的方法

词　　组	第一字根	第二字根	第三字根	第四字根	区　　位	编　码
中央人民广播电台	口（K）	冂（M）	人（W）	厶（C）	23、25、34、54	KMWC
五笔字型计算机汉字输入技术	五（G）	𥫗（T）	宀（P）	木（S）	11、31、45、14	GTPS

Section
7.4 实践案例与上机操作

本节导读

通过本章的学习，用户可以掌握设置系统输入法的方法，并对微软拼音输入法和紫光拼音输入法的知识有所了解，下面通过几个实践案例进行上机操作，以达到巩固学习、拓展提高的目的。

7.4.1　设置输入法的快速启动键

在 Windows 7 中可以为经常使用的输入法设置快速启动键，从而快速启动该输入法，下面介绍设置输入法的快速启动键的操作方法。

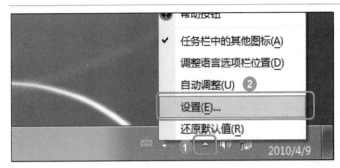

图 7-19

01 选择菜单项

No1　在语言栏中单击【选项】按钮 。

No2　在弹出的下拉菜单中选择【设置】菜单项，如图 7-19 所示。

图 7-20

02 弹出【文本服务和输入语言】对话框

No1　弹出【文本服务和输入语言】对话框，选择【高级键设置】选项卡。

No2　在【输入语言的热键】列表框中选择准备设置快速启动键的输入法。

No3　单击【更改按键顺序】按钮，如图 7-20 所示。

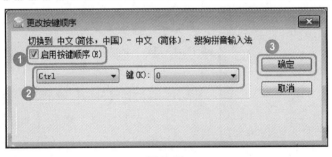

图 7-21

03 弹出对话框

No1　弹出【更改按键顺序】对话框，选中【启用按键顺序】复选框。

No2　设置快速启动键。

No3　单击【确定】按钮，如图 7-21 所示。

图 7-22

04 完成设置

No1 返回【文本服务和输入语言】对话框，在【输入语言的热键】列表框中的输入法选项右侧显示按键顺序。

No2 单击【确定】按钮即可完成设置输入法的快速启动键的操作，如图 7 - 22 所示。

7.4.2 双语输入

在使用汉语输入法输入汉字时，如果准备输入英文，可以直接输入，也可以切换到英文输入状态下进行输入，下面介绍双语输入的操作方法。

图 7-23

01 输入拼音

No1 启动记事本，选择紫光拼音输入法。

No2 在键盘上输入拼音，如图 7-23 所示。

图 7-24

02 输入英文

No1 按下键盘上的空格键即可输入汉字。

No2 在按住【Shift】键的同时输入大写字母，释放【Shift】键输入小写字母，如图 7-24 所示。

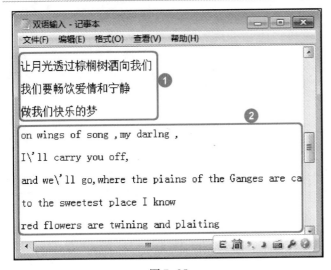

图 7-25

No1 使用紫光拼音输入法输入大篇幅汉字。

No2 在输入法状态条中单击【中】按钮切换到英文输入状态，状态条中显示为【E】按钮状态。

No3 在键盘上依次按下字母键即可输入英文，完成双语输入的操作，如图 7-25 所示。

第 8 章

应用Word 2010编写文档

本章内容导读

本章主要介绍文件的基本操作、输入与编辑文本等 Word 2010 操作技巧。通过本章的学习读者可以初步掌握用 Word 2010 编写文档的能力。

本章知识要点

- ☑ 文件的基本操作
- ☑ 输入与编辑文本
- ☑ 设置文档格式
- ☑ 在文档中应用对象
- ☑ 绘制表格
- ☑ 设置与打印文档

文件的基本操作

本节导读

　　用户在认识了 Word 2010 的工作界面，并掌握了启动和退出 Word 2010 的操作方法后，接下来可以学习文档的基本操作方法，从而便于对文档进行编辑操作。本节将详细介绍新建 Word 文档、保存 Word 文档、关闭 Word 文档、打开 Word 文档和将文档转换为 2010 模式的方法。

8.1.1 新建文档

　　启动 Word 2010 后，系统会自动新建一个名为"文档1"的空白文档，在操作过程中如果准备在新的页面进行文字的录入与编辑操作，也可以新建文档，下面介绍新建文档的操作方法。

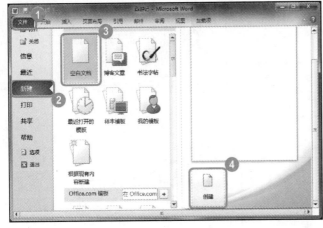

图 8-1

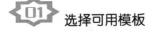 **选择可用模板**

No1　在 Word 2010 中选择【文件】选项卡。

No2　在 Backstage 视图中选择【新建】选项。

No3　在【可用模板】区域选择准备应用的模板。

No4　单击【创建】按钮，如图 8-1 所示。

图 8-2

 完成新建

　　通过上述操作即可新建一个空白文档，如图 8-2 所示。

举一反三

　　在【可用模板】区域中双击准备创建的模板，可快速新建一个基于该模板的文档。

8.1.2 保存文档

在 Word 2010 中完成文档编辑后可以将文档保存，下面介绍保存文档的方法。

图 8-3

01 单击【保存】按钮

No1 在 Word 2010 中选择【文件】选项卡。

No2 在 Backstage 视图中单击【保存】按钮，如图 8-3 所示。

图 8-4

02 弹出对话框

No1 弹出【另存为】对话框，选择文件的保存位置。

No2 在【文件名】文本框中输入文件名。

No3 单击【保存】按钮，如图 8-4 所示。

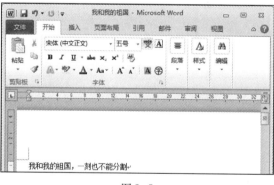

图 8-5

03 完成保存

通过上述操作即可保存文档，如图 8-5 所示。

举一反三

在快速访问工具栏中单击【保存】按钮也可进行保存文档的操作。

8.1.3 关闭文档

在 Word 2010 中完成文档的编辑操作后，如果不准备使用该文档，则可关闭文档，下面介绍关闭文档的操作方法。

图 8-6

01 单击【关闭】按钮

No1　在 Word 2010 中保存文档后选择【文件】选项卡。

No2　在 Backstage 视图中单击【关闭】按钮，如图 8-6 所示。

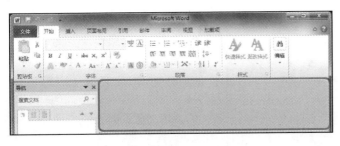

图 8-7

02 完成关闭

通过上述操作即可关闭文档，如图 8-7 所示。

8.1.4　打开文档

如果准备使用 Word 2010 查看或编辑电脑中保存的文档内容，可以打开文档。下面介绍使用对话框打开文档和使用选项打开文档的操作方法。

1. 使用对话框打开文档

在 Word 2010 中，使用【文件】选项卡下的【打开】对话框可以快速打开文档，下面介绍使用【打开】对话框打开文档的操作方法。

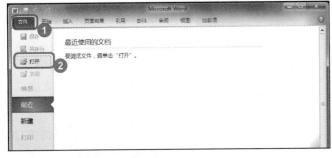

图 8-8

01 单击【打开】按钮

No1　在 Word 2010 中选择【文件】选项卡。

No2　在 Backstage 视图中单击【打开】按钮，如图 8-8 所示。

图 8-9

02 **弹出【打开】对话框**

No1 弹出【打开】对话框，选择准备打开的文档。

No2 单击【打开】按钮，如图 8-9 所示。

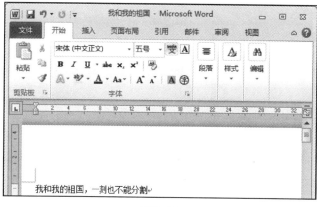

图 8-10

03 **完成操作**

通过上述操作即可使用对话框打开文档，如图 8-10 所示。

举一反三

在键盘上按下【Ctrl】+【O】组合键可以弹出【打开】对话框进行打开文档操作。

2. 使用选项打开文档

在 Word 2010 中，如果准备打开的文档为最近使用的文档，可以使用 Backstage 视图中的【最近所用文件】选项进行打开文档的操作，下面介绍使用该选项打开文档的操作方法。

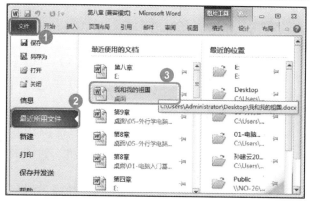

图 8-11

01 **选择选项**

No1 在 Word 2010 中选择【文件】选项卡。

No2 在 Backstage 视图中选择【最近所用文件】选项。

No3 在【最近使用的文档】区域中选择准备打开的文档，如图 8-11 所示。

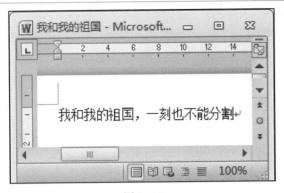

图 8-12

02 完成打开

通过上述操作即可打开文档，如图 8-12 所示。

举一反三

在【文件】选项卡下选中【快速访问此数目的"最近使用的文档"】复选框也可以打开文档。

8.1.5 将旧版本的文档转换为 Word 2010 文档模式

使用 Word 2010 打开用早期版本创建的 Word 文档时会开启兼容模式。如果准备用 Word 2010 的新增功能对早期文档进行编辑操作，则需要将文档转换为 2010 模式，下面介绍将文档转换为 2010 模式的操作方法。

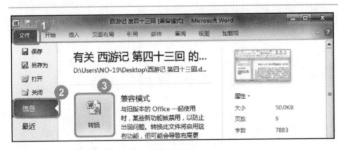

图 8-13

01 单击【转换】按钮

No1 选择【文件】选项卡。

No2 选择【信息】选项。

No3 单击【转换】按钮，如图 8-13 所示。

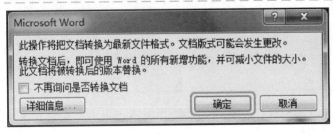

图 8-14

02 弹出【Microsoft Word】对话框

弹出【Microsoft Word】对话框，单击【确定】按钮，如图 8-14 所示。

图 8-15

03 完成转换

通过上述操作即可将兼容模式文档转换为新文档，如图 8-15 所示。

Section
8.2　输入与编辑文本

本节导读

在 Word 2010 中建立文档后可以在文档中输入并编辑文本内容，从而达到制作需要。 本节将介绍编辑文本的操作方法，如输入与删除文本、选择与修改文本、复制与粘贴文本和查找与替换文本的方法。

8.2.1　输入文本

启动 Word 2010 并创建文档后，在文档中定位光标即可进行文本的输入操作，下面介绍在 Word 2010 中输入文本的操作方法。

启动 Word 2010 后选择准备应用的输入法，根据选择的输入法在键盘上按下准备输入的汉字的编码即可输入文档，如图 8-16 所示。

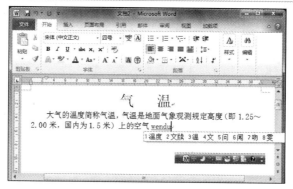

图 8-16

8.2.2　选择文本

如果准备对 Word 文档中的文本进行编辑操作，首先需要选择文本，下面介绍选择文本的操作方法。

➤ 选择任意文本：将光标定位在准备选择文字或文本的左侧或右侧，单击并拖动光标至准备选取文字或文本的右侧或左侧，然后释放鼠标左键即可选中单个文字或某段文本。

➤ 选择一行文本：移动鼠标指针到准备选择的某一行行首的空白处，待鼠标指针变成向右箭头形状◿时单击鼠标左键即可选中该行文本。

➤ 选择一段文本：将光标定位在准备选择的一段文本的任意位置，然后连续单击鼠标 3 次即可选中一段文本。

➤ 选择整篇文本：移动鼠标指针指向文本左侧的空白处，待鼠标指针变成向右箭头形状◿时连续单击鼠标左键 3 次即可选择整篇文档；将光标定位在文本左侧的空白处，待鼠标指针变成向右箭头形状时按住【Ctrl】键不放同时单击鼠标左键即可选中整篇文档；将光标定位在准备选择整篇文档的任意位置，按键盘上的【Ctrl】+【A】组合键即可选中整篇文档。

➢ 选择词：将光标定位在准备选择的词的位置，连续两次单击鼠标左键即可选择词。

➢ 选择句子：在按住【Ctrl】键的同时单击准备选择的句子的任意位置即可选择句子。

➢ 选择垂直文本：将光标定位在任意位置，然后在按住【Alt】键的同时拖动鼠标指针到目标位置即可选择某一垂直块文本。

➢ 选择分散文本：选中一段文本后，在按住【Ctrl】键的同时选择其他不连续的文本即可选定分散文本。

使用快捷键选择文本

使用快捷键对文本进行选择可以提高编辑速度，下面介绍使用快捷键选择任意文本的操作方法。

➢ 【Shift】+【↑】组合键：选中光标所在位置至上一行对应位置处的文本。

➢ 【Shift】+【↓】组合键：选中光标所在位置至下一行对应位置处的文本。

➢ 【Shift】+【←】组合键：选中光标所在位置左侧的一个文字。

➢ 【Shift】+【→】组合键：选中光标所在位置右侧的一个文字。

➢ 【Shift】+【Home】组合键：选中光标所在位置至行首的文本。

➢ 【Shift】+【End】组合键：选中光标所在位置至行尾的文本。

➢ 【Ctrl】+【Shift】+【Home】组合键：选中光标位置至文本开头的文本。

➢ 【Ctrl】+【Shift】+【End】组合键：选中光标位置至文本结尾处的文本。

8.2.3　修改文本

在 Word 文档中进行文本的输入时，如果输入错误，则可以修改文本，从而保证输入的正确性，下面介绍修改文本的操作方法。

选中准备修改的文本内容，选择适合的输入法，输入正确的文本内容，如图 8-17 所示。

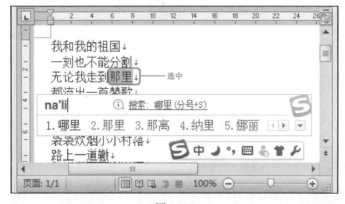

图 8-17

选择文本所在的数字序号，即数字"1"，通过上述操作即可修改文本，如图 8-18 所示。

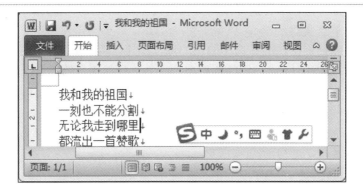

图 8-18

8.2.4 删除文本

启动 Word 2010 并创建文档后，在文档中定位光标即可进行文本的删除操作，下面介绍在 Word 2010 中删除文本的操作方法。

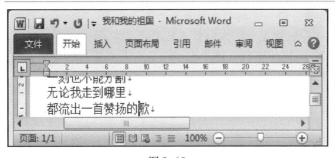

图 8-19

01 定位光标

将光标定位在准备删除汉字的右侧，如图 8-19 所示。

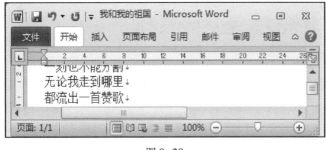

图 8-20

02 删除文本

在键盘上按下【Back Space】键即可删除光标左侧的文本，如图 8-20 所示。

8.2.5 查找与替换文本

在 Word 2010 中通过查找与替换文本操作可以快速查看或修改文本内容，下面介绍查找文本和替换文本的操作方法。

1. 查找文本

在 Word 2010 中使用查找文本功能可以查找到文档中的任意字符、词语和符号等内容，下面介绍查找文本的操作方法。

图 8-21

01 输入查找内容

将光标定位在文档的起始位置，在【导航】窗格的搜索框中输入查找内容，如图 8-21 所示。

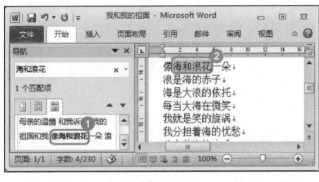

图 8-22

02 显示搜索结果

No1 在【导航】窗格中显示搜索结果。

No2 在工作区中显示第一个搜索结果，在键盘上按下【Enter】键即可显示下一次的搜索结果，如图 8-22 所示。

2. 替换文本

在 Word 2010 中编辑文本时，如果文本内容出现错误或需要更改，可以使用替换文本的方法进行修改，下面介绍替换文本的操作方法。

图 8-23

01 单击【编辑】按钮

No1 将光标定位在文档的起始位置，选择【开始】选项卡。

No2 在【编辑】组中单击【编辑】按钮。

No3 单击【替换】按钮，如图 8-23 所示。

图 8-24

02 弹出对话框

No1 弹出【查找和替换】对话框，输入查找内容。

No2 输入替换为内容。

No3 单击【替换】按钮，如图 8-24 所示。

图 8-25

03 完成替换

No1 选中第一个查找内容，再次单击【替换】按钮即可替换查找到的内容。

No2 默认选中下一个查找到的内容，完成替换文本的操作，如图 8-25 所示。

 教你一招

全部替换文本

在【查找和替换】文本框中输入查找与替换内容后单击【全部替换】按钮

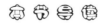可以快速替换查找到的全部内容。

Section

8.3 设置文档格式

本节导读

在 Word 2010 中输入文本后可以对文本和段落格式进行设置，从而满足编辑需要。 本节将介绍设置文本和段落格式的操作方法，如设置段落对齐方式、设置段落缩进等。

8.3.1 设置文本格式

在 Word 2010 中输入文本后可以对文本格式进行设置，从而使文本的显示方式更丰富，下面介绍设置文本格式的操作方法。

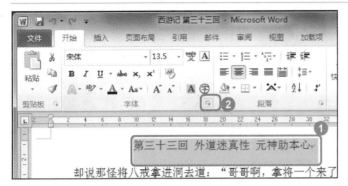

图 8-26

01 选中文本

No1 选中准备进行格式设置的文本内容。

No2 在【开始】选项卡的【字体】组中单击【启动器】按钮，如图 8-26 所示。

图 8-27

02 弹出对话框

No1 弹出【字体】对话框，选择【字体】选项卡。

No2 在【中文字体】下拉列表框中选择字体选项。

No3 在【字形】列表框中选择【加粗】选项。

No4 在【字号】列表框中选择【小二】选项。

No5 单击【确定】按钮，如图 8-27 所示。

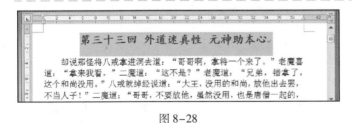

图 8-28

03 完成文本格式设置

通过上述操作即可设置字体格式，如图 8-28 所示。

8.3.2 设置段落对齐方式

段落对齐方式是指段落在文档中的显示方式，共有 5 种，分别为文本左对齐、居中对齐、文本右对齐、两端对齐和分散对齐，用户可以根据使用需要进行设置，下面介绍设置段落对齐方式的操作方法。

图 8-29

01 定位光标

No1 将光标定位在准备进行格式设置的段落中。

No2 选择【开始】选项卡。

No3 在【段落】组中单击【居中】按钮，如图 8-29 所示。

图 8-30

02 完成对齐设置

通过上述操作即可将段落文本的对齐方式设置为"居中"，如图 8-30 所示。

Section

8.4 在文档中应用对象

本节导读

在 Word 2010 文档中编辑文本内容后可以在文档中使用艺术字和图片等内容，从而使文档更美观。 本节将介绍在 Word 2010 文档中使用对象的方法。

8.4.1 插入图片

在使用 Word 2010 编辑文档内容时可以插入图片，下面介绍插入图片的方法。

图 8-31

01 单击【图片】按钮

No1 将光标定位在准备插入图片的位置，选择【插入】选项卡。

No2 在【插图】组中单击【图片】按钮，如图 8-31 所示。

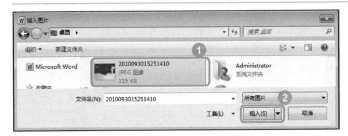

图 8-32

图 8-33

02 弹出对话框

No1 弹出【插入图片】对话框，选择准备插入的图片。

No2 单击【插入】按钮，如图 8-32 所示。

03 完成插入图片的操作

通过以上步骤即可完成在文档中插入图片的操作，如图 8-33 所示。

8.4.2 插入剪贴画

剪贴画是 Office 程序中自带的矢量图片，下面详细介绍插入剪贴画的操作方法。

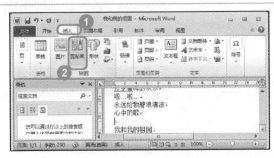

图 8-34

01 定位光标

No1 选择【插入】选项卡。

No2 在【插图】组中单击【剪贴画】按钮，如图 8-34 所示。

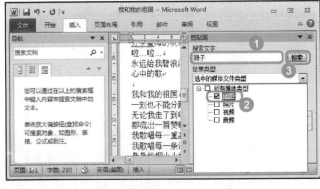

图 8-35

02 弹出对话框

No1 在【搜索文字】文本框中输入剪贴画名称。

No2 单击展开【结果类型】下拉列表，选中【插图】复选框。

No3 单击【搜索】按钮，如图 8-35 所示。

图 8-36

03 完成插入

　　程序搜索完毕后在任务窗格的列表框中显示出搜索到的内容，双击需要插入的剪贴画即可完成插入图片的操作，如图 8-36 所示。

8.4.3　插入艺术字

　　Word 2010 还有添加艺术字的功能，可以为文档添加生动且具有特殊视觉效果的文字，下面详细介绍插入艺术字的操作方法。

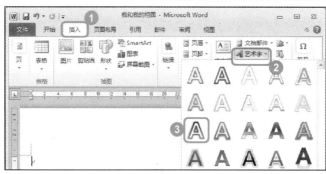

图 8-37

01 单击【艺术字】按钮

No1　选择【插入】选项卡。

No2　在【文本】组中单击【艺术字】按钮。

No3　选择【填充 - 白色，渐变轮廓 - 强调文字颜色 1】选项，如图 8-37 所示。

图 8-38

02 显示文本框

　　此时文档中显示"请在此放置您的文字"文本框，输入准备插入的艺术字内容即可完成插入艺术字的操作，如图 8-38 所示。

知识精讲

　　插入艺术字后将光标定位在艺术字中，选择【格式】选项卡，在【艺术字样式】组中单击【快速样式】按钮即可更改艺术字样式。

8.4.4 插入文本框

在制作文档的过程中，一些文本需要显示在图片中，此时可以运用 Word 2010 提供的文本框功能实现，下面详细介绍插入文本框的操作方法。

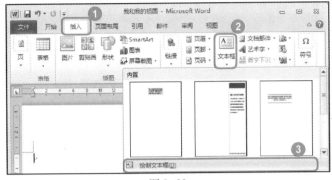

图 8-39

01 单击【文本框】按钮

No1 选择【插入】选项卡。

No2 在【文本】组中单击【文本框】按钮。

No3 选择【绘制文本框】选项，如图 8-39 所示。

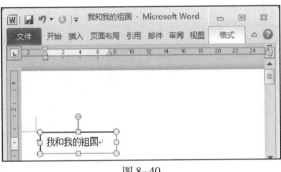

图 8-40

02 完成插入

按住鼠标左键并拖动，拖至目标位置后释放鼠标左键，再输入需要的文本内容即可完成插入文本框的操作，如图 8-40 所示。

8.5 绘制表格

本节导读

如果准备在 Word 2010 文档中输入数据，则可将数据显示在表格中，从而使数据更加规范、文档更加美观。 本节将介绍在文档中使用表格的方法，如插入表格、插入行或列、删除行或列、合并与拆分单元格、调整行高与列宽、套用表格样式与设置表格边框和底纹的方法。

8.5.1 插入表格

如果准备应用表格在 Word 文档中输入数据，首先需要在文档中插入表格，下面介绍在文档中插入表格的操作方法。

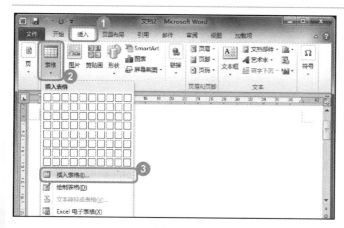

图 8-41

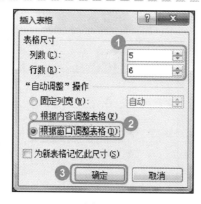

图 8-42

01 单击【表格】按钮

No1 将光标定位在文档中，然后选择【插入】选项卡。

No2 在【表格】组中单击【表格】按钮。

No3 在弹出的下拉菜单中选择【插入表格】菜单项，如图 8-41 所示。

02 弹出对话框

No1 弹出【插入表格】对话框，在【表格尺寸】区域中输入行数和列数。

No2 选中【根据窗口调整表格】单选按钮。

No3 单击【确定】按钮，如图 8-42 所示。

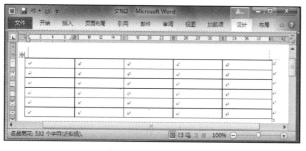

图 8-43

03 完成插入

通过以上步骤即可完成插入"5 列 6 行"表格的操作，如图 8-43 所示。

8.5.2 调整行高与列宽

在插入表格时，Word 对单元格的大小有默认设置，但是由于放置不同的内容，单元格的大小会有所不同，在 Word 2010 中绘制表格后可以调整行高与列宽，从而正确地显示表格中的内容，下面介绍调整行高与列宽的操作方法。

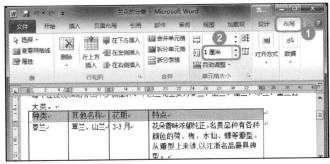

图 8-44

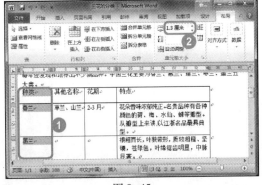

图 8-45

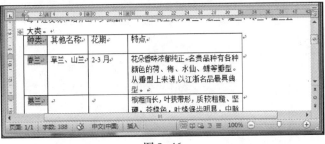

图 8-46

01 调整行高

No 1　选中表格行，选择【布局】选项卡。

No 2　在【单元格大小】组的【表格行高】微调框中输入行高值，如图 8-44 所示。

02 调整列宽

No 1　在键盘上按下【Enter】键即可调整表格的行高，选中表格列。

No 2　在【单元格大小】组的【表格列宽】微调框中输入列宽值，如图 8-45 所示。

03 完成调整

在键盘上按下【Enter】键即可调整表格的列宽，完成以上操作即可调整表格的行高和列宽，如图 8-46 所示。

 教你一招

使用鼠标调整行高与列宽

移动鼠标指针至表格横框线处，鼠标指针变为 ÷ 形，单击并拖动鼠标即可调整行高；移动鼠标指针至表格竖框线处，鼠标指针变为 ↔ 形，单击并拖动鼠标即可调整列宽。

8.5.3　合并与拆分单元格

在 Word 2010 表格中可以通过合并与拆分单元格操作来调整表格格式，从而绘制出符合要求的表格，下面介绍合并与拆分单元格的操作方法。

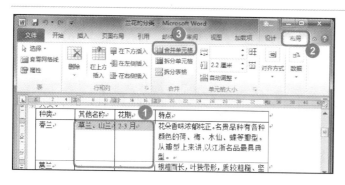

图 8-47

01 单击【合并单元格】按钮

No1 选中准备合并的单元格。

No2 选择【布局】选项卡。

No3 在【合并】组中单击【合并单元格】按钮，如图 8-47 所示。

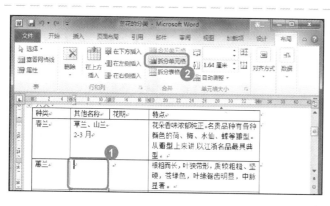

图 8-48

02 单击【拆分单元格】按钮

No1 通过上述操作即可合并单元格，将光标定位在准备拆分的单元格中。

No2 在【合并】组中单击【拆分单元格】按钮，如图 8-48 所示。

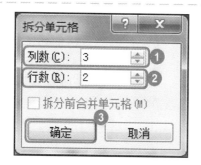

图 8-49

03 弹出对话框

No1 弹出【拆分单元格】对话框，输入列数。

No2 输入行数。

No3 单击【确定】按钮，如图 8-49 所示。

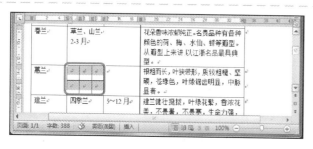

图 8-50

04 完成合并与拆分

通过上述操作即可将光标所在的单元格拆分成2行3列，如图8-50所示。

8.5.4 插入与删除行与列

在 Word 2010 中进行表格的编辑操作时可以根据使用需要插入或删除行和列，从而完善表格内容，下面介绍插入和删除行与列的操作方法。

1. 插入行和列

下面详细介绍插入行和列的操作方法。

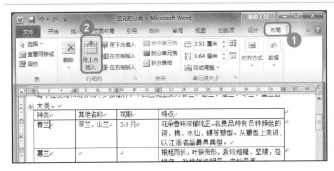

图 8-51

01 插入行

No1 将光标定位在表格中，选择【布局】选项卡。

No2 在【行和列】组中单击【在上方插入】按钮，如图 8-51 所示。

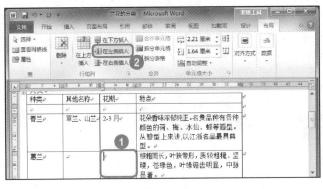

图 8-52

02 插入列

No1 通过上述操作即可在光标所在行上方插入行，将光标定位在表格中。

No2 在【行和列】组中单击【在左侧插入】按钮，如图 8-52 所示。

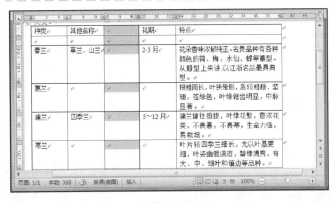

图 8-53

03 完成插入

通过上述操作即可在表格中插入行和列，如图 8-53 所示。

举一反三

单击【在右侧插入】按钮可在光标所在列右侧插入一列。

2. 删除行和列

下面详细介绍删除行和列的操作方法。

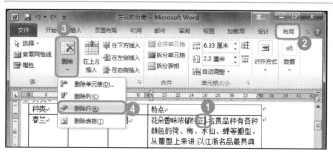

图 8-54

01 删除行

No1 将光标定位在表格中。

No2 选择【布局】选项卡。

No3 在【行和列】组中单击【删除】按钮。

No4 选择【删除行】菜单项，如图 8-54 所示。

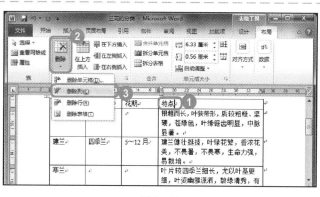

图 8-55

02 删除列

No1 将光标定位在表格中。

No2 在【行和列】组中单击【删除】按钮。

No3 在弹出的下拉菜单中选择【删除列】菜单项，如图 8-55 所示。

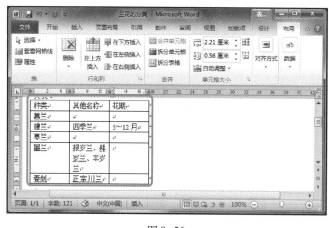

图 8-56

03 完成删除

通过上述操作即可删除表格的行和列，如图 8-56 所示。

举一反三

选中行或列，然后单击右键，在弹出的下拉菜单中选择【删除行】或【删除列】菜单项，可以直接删除行或列。

8.5.5　设置表格边框和底纹

在 Word 2010 文档中创建表格后可以对创建的表格的边框和底纹进行设置，如设置边框样式、边框颜色、边框粗细和底纹效果，从而美化 Word 文档，下面介绍设置边框和底纹的操作方法。

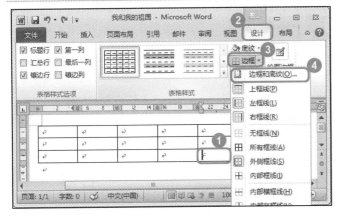

图 8-57

01 选择菜单项

No1 将光标定位在表格中。

No2 选择【设计】选项卡。

No3 在【表格样式】组中单击【边框】按钮。

No4 在弹出的下拉菜单中选择【边框和底纹】菜单项，如图 8-57 所示。

图 8-58

02 弹出对话框

No1 弹出【边框和底纹】对话框，选择【边框】选项卡。

No2 选择【虚框】选项。

No3 选择框线样式。

No4 在【颜色】下拉列表框中选择颜色选项。

No5 在【宽度】下拉列表框中选择框线宽度选项，如图 8-58 所示。

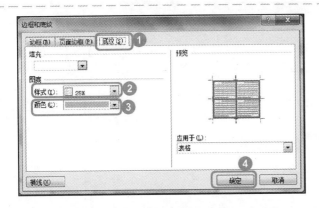

图 8-59

03 设计表格底纹

No1 选择【底纹】选项卡。

No2 在【样式】下拉列表框中选择样式选项。

No3 在【颜色】下拉列表框中选择颜色选项。

No4 单击【确定】按钮，如图 8-59 所示。

图 8-60

04 完成设置

通过上述操作即可设置表格的边框和底纹，如图 8-60 所示。

8.6 设置与打印文档

在 Word 2010 中完成文档的编辑操作后可以对页面进行设置，从而便于文档的打印和输出。 本节将介绍设置文档页面和打印的操作方法，如插入页眉和页脚、设置页边距和纸张大小、打印预览和打印文档的方法。

8.6.1 设置纸张大小

在准备打印文档之前需要先设置纸张的大小，以便打印输出，下面详细介绍设置纸张大小的操作方法。

在当前 Word 程序窗口中选择【页面布局】选项卡，在【页面设置】组中单击【纸张大小】按钮，在弹出的下拉列表中选择【A4】菜单项即可完成设置纸张大小的操作，如图 8-61 所示。

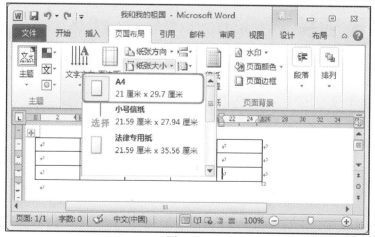

图 8-61

8.6.2 设置页边距

页边距是指 Word 文档中文本和页面空白区域之间的距离，如果准备将文档打印到纸张上，首先需要设置页边距和纸张大小，下面介绍设置页边距和纸张大小的操作方法。

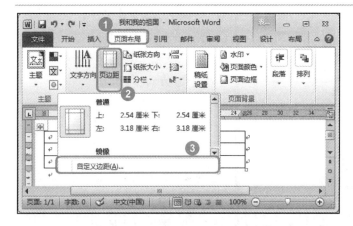
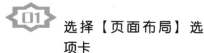

图 8-62

01 选择【页面布局】选项卡

No1 在 Word 窗口中选择【页面布局】选项卡。

No2 在【页面设置】组中单击【页边距】按钮。

No3 在弹出的下拉菜单中选择【自定义边距】菜单项，如图 8-62 所示。

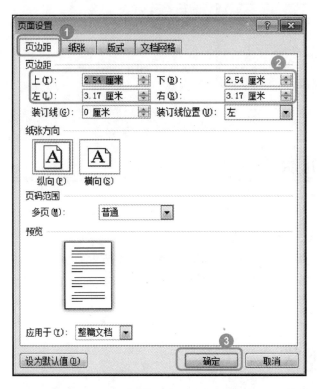

图 8-63

02 弹出对话框

No1 弹出【页面设置】对话框，选择【页边距】选项卡。

No2 在【页边距】区域的【上】【下】【左】和【右】微调框中输入边距值。

No3 单击【确定】按钮即可完成页边距的设置，如图 8-63 所示。

举一反三

在【页面设置】对话框中选择【纸张】选项卡也可以进行纸张大小的设置操作。

8.6.3　打印文档

在 Word 2010 中完成文档的编辑操作后可以直接将其打印到纸张上，从而便于对文档内容的浏览与保存，下面介绍打印文档的操作方法。

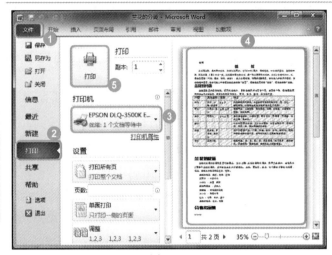

图 8-64

01 选择【文件】选项卡

No1　在 Word 2010 中完成文档的编辑后选择【文件】选项卡。

No2　在 Backstage 视图中选择【打印】选项。

No3　在【打印机】下拉列表框中选择打印机选项。

No4　在页面右侧预览打印效果。

No5　单击【打印】按钮，如图 8-64 所示。

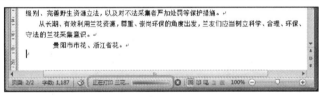

图 8-65

02 完成打印

通过上述操作即可开始打印文档，如图 8-65 所示。

Section

8.7　实践案例与上机操作

本节导读

通过本章的学习，用户可以掌握应用 Word 2010 编写文档方面的知识及操作，下面通过几个实践案例进行上机操作，以达到巩固学习、拓展提高的目的。

8.7.1　将图片裁剪为形状

在 Word 2010 中可以将插入文档中的图片裁剪为形状，从而美化图片，下面介绍将图片裁剪为形状的操作方法。

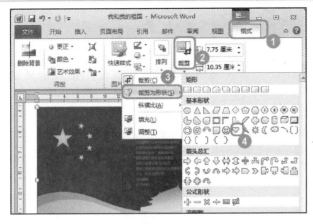

图 8-66

01 选择【格式】选项卡

No1 在文档中选中图片，选择【格式】选项卡。

No2 在【大小】组中单击【裁剪】按钮下部。

No3 在弹出的菜单中选择【裁剪为形状】菜单项。

No4 在【基本形状】区域选择【心形】选项，如图 8-66 所示。

图 8-67

02 完成裁剪

通过上述操作即可将图片裁剪为"心形"，如图 8-67 所示。

举一反三

对图片应用裁剪为形状操作，裁剪为"矩形"后即可恢复图片的原始效果。

8.7.2 使用格式刷复制文本格式

在 Word 2010 中如果准备为不同的文本应用相同的格式，则可通过格式刷进行设置，下面介绍使用格式刷复制文本格式的操作方法。

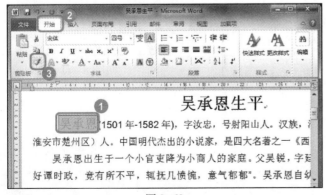

图 8-68

01 单击【格式刷】按钮

No1 打开文档后选中源格式文本。

No2 选择【开始】选项卡。

No3 在【剪贴板】组中单击【格式刷】按钮，如图 8-68 所示。

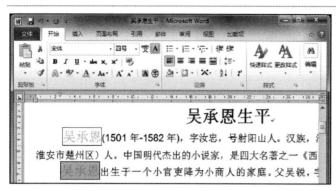

图 8-69

02 复制格式

鼠标指针变为形，选中目标文本即可完成使用格式刷复制文本格式的操作，如图 8-69 所示。

8.7.3 设置分栏

在 Word 2010 中可以将文档拆分成两栏或更多栏，从而便于对文档内容的阅读，下面介绍设置分栏的操作方法。

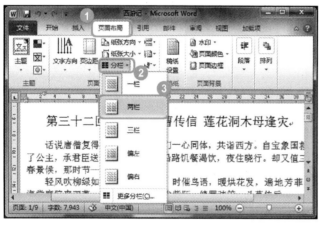

图 8-70

01 选择菜单项

No 1 打开文档后选择【页面布局】选项卡。

No 2 在【页面设置】组中单击【分栏】按钮。

No 3 在弹出的下拉菜单中选择【两栏】菜单项，如图 8-70 所示。

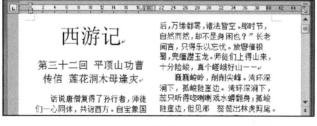

图 8-71

02 完成分栏

通过上述操作即可将整篇文档分为两栏，如图 8-71 所示。

第9章

应用Excel 2010电子表格

本章内容导读

　　本章主要介绍 Excel 2010 工作簿的基本操作、输入和编辑数据、单元格的操作、美化工作表等方面的操作方法与技巧。通过本章的学习，读者可以掌握 Excel 2010 基础操作方面的知识，为进一步学习电脑知识奠定了基础。

本章知识要点

☑ 工作簿的基本操作
☑ 在单元格中输入与编辑数据
☑ 单元格的基本操作
☑ 美化工作表
☑ 计算表格数据
☑ 管理表格数据

Section 9.1 工作簿的基本操作

本节导读

认识了 Excel 2010 的工作界面，并掌握了启动和退出 Excel 2010 的操作方法后，用户接下来可以学习工作簿的基本操作，从而便于对工作簿进行编辑操作。 本节将详细介绍新建工作簿、保存工作簿、关闭工作簿和打开工作簿的操作方法。

9.1.1 新建与保存工作簿

启动 Excel 2010 后系统会自动新建一个名为"Book1"的空白工作簿，在操作过程中如果准备在新的页面进行表格的输入与编辑操作，也可以新建工作簿，在 Excel 2010 中完成表格的输入与编辑操作后可以将工作簿保存到电脑中，从而便于日后进行表格内容的查看与编辑操作。下面介绍新建与保存工作簿的操作方法。

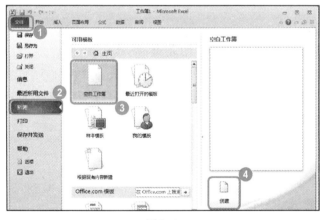

图 9-1

01 选择模板

No1 在 Excel 2010 中选择【文件】选项卡。

No2 在 Backstage 视图中选择【新建】选项。

No3 在【可用模板】区域中选择准备应用的模板。

No4 单击【创建】按钮，如图 9-1 所示。

图 9-2

02 完成创建

通过上述操作即可新建一个空白工作簿，如图 9-2 所示。

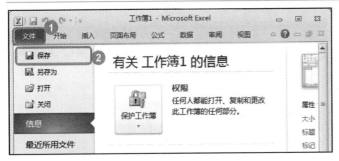

图 9-3

03 选择【文件】选项卡

No1 在 Excel 2010 中选择【文件】选项卡。

No2 在 Backstage 视图中单击【保存】按钮,如图 9-3 所示。

图 9-4

04 弹出对话框

No1 弹出【另存为】对话框,选择文件的保存位置。

No2 在【文件名】文本框中输入工作簿名称。

No3 单击【保存】按钮即可完成工作表的保存,如图 9-4 所示。

9.1.2 关闭工作簿

用户在工作簿中对表格编辑完成并且保存工作簿后,如果需要继续运行 Excel 2010 软件而不对编辑完成的工作簿进行更改,可以将编辑完成的工作簿关闭,下面以关闭"工作簿1"为例介绍关闭工作簿的操作方法。

图 9-5

01 单击【关闭】按钮

No1 在 Excel 2010 中保存工作簿后选择【文件】选项卡。

No2 在 Backstage 视图中单击【关闭】按钮,如图 9-5 所示。

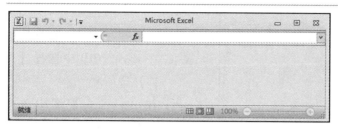

图 9-6

<blockquote>
02 完成关闭

通过上述操作即可关闭工作簿，如图 9-6 所示。
</blockquote>

9.1.3 打开工作簿

如果准备使用 Excel 2010 查看或编辑电脑中保存的工作簿内容，可以打开工作簿。下面介绍打开工作簿的方法，分别为使用对话框打开工作簿的操作方法和使用选项打开工作簿的操作方法。

1. 使用对话框打开工作簿

在 Excel 2010 中，使用【打开】对话框可以快速打开保存在电脑中的工作簿，从而查看或编辑工作簿中的内容。下面详细介绍使用【打开】对话框打开工作簿的操作方法。

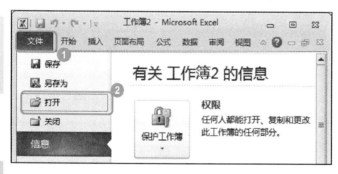

图 9-7

> **01** 选择【文件】选项卡
>
> No1 在 Excel 2010 中选择【文件】选项卡。
>
> No2 在 Backstage 视图中单击【打开】按钮，如图 9-7 所示。

图 9-8

> **02** 弹出对话框
>
> No1 弹出【打开】对话框，选择文件的保存位置。
>
> No2 选择准备打开的文档。
>
> No3 单击【打开】按钮，如图 9-8 所示。

图 9-9

03 **完成打开工作簿的操作**

通过上述操作即可使用对话框打开工作簿，如图 9-9 所示。

2. 使用选项打开工作簿

在 Excel 2010 中如果准备打开的工作簿为最近使用的文档，可以使用 Backstage 视图中的【最近所用文件】选项进行打开工作簿的操作，下面介绍使用该选项打开工作簿的操作方法。

图 9-10

01 **选择【最近所用文件】选项**

No1 在 Excel 2010 中选择【文件】选项卡。

No2 在 Backstage 视图中选择【最近所用文件】选项。

No3 在【最近使用的工作簿】区域选择准备打开的工作簿，如图 9-10 所示。

图 9-11

02 **完成打开工作簿的操作**

通过上述操作即可使用选项打开工作簿，如图 9-11 所示。

9.1.4 插入与删除工作簿

在 Excel 2010 中工作簿默认包含 3 个工作表，名称为 Sheet1、Sheet2 和 Sheet3，用户根据使用需要也可插入新工作表。

在 Excel 2010 中如果工作表不准备使用了可以将其删除，下面介绍在 Excel 2010 中插入与删除工作表的操作方法。

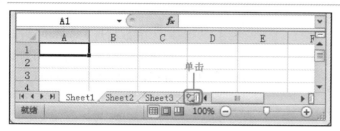

图 9-12

01 单击【插入工作表】按钮

启动 Excel 2010，在工作表标签区域单击【插入工作表】按钮，如图 9-12 所示。

图 9-13

02 完成插入

通过上述操作即可插入新工作表，工作表标签区域中显示新建的工作表标签，如图 9-13 所示。

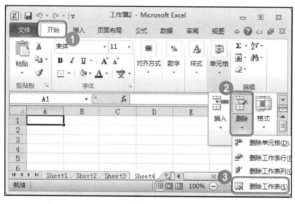

图 9-14

03 选择【开始】选项卡

No1 选择【开始】选项卡。

No2 在【单元格】组中单击【删除】按钮。

No3 在弹出的下拉菜单中选择【删除工作表】菜单项，如图 9-14 所示。

图 9-15

04 弹出对话框

弹出对话框，单击【删除】按钮，如图 9-15 所示。

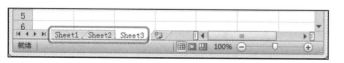

图 9-16

05 完成删除

完成删除工作表的操作，如图 9-16 所示。

本节导读

如果准备在 Excel 2010 中输入并编辑表格，首先需要在单元格中输入数据，并对输入的数据进行编辑操作。 本节将介绍编辑单元格数据的操作方法，分别为选择单元格、在单元格中输入数据、自动填充数据和查找替换数据的方法。

9.2.1 输入数据

使用 Excel 2010 软件最基本也是最重要的操作就是输入数据，输入的数据可以是文字、数字或符号等，一般的输入数据的方法有两种，即在单元格或编辑栏中输入，下面以输入数据 "abc" 为例具体介绍输入数据的操作方法。

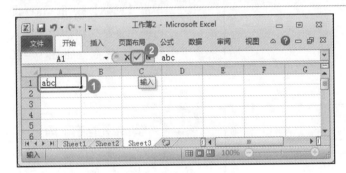

图 9-17

01 单击【输入】按钮

No1 启动 Excel 2010 程序，选中准备输入数据的单元格输入数据，例如 "abc"。

No2 单击【输入】按钮☑，如图 9-17 所示。

图 9-18

02 完成输入

数据 "abc" 已被输入到单元格中，如图 9-18 所示。

9.2.2 快速填充数据

在 Excel 2010 的工作表中有着无数个单元格，如果准备在表格的连续单元格内输入相同、等比或等差的数据可以使用快速填充数据的方法，下面介绍快速填充数据的操作方法。

1. 快速输入相同的数据

在几个单元格中可以通过复制与粘贴的方法输入相同的数据，若在多个单元格中输入相同的数据，可以通过填充数据的方法完成，下面介绍如何快速输入相同的数据。

图 9-19

01 单击【复制】按钮

No1 选中准备复制数据的单元格。

No2 单击【复制】按钮，如图 9-19 所示。

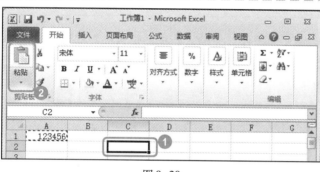

图 9-20

02 单击【粘贴】按钮

No1 选中准备粘贴数据的单元格。

No2 单击【粘贴】按钮，这样即可使用复制与粘贴功能输入相同的数据，如图 9-20 所示。

图 9-21

03 拖动单元格右下角

拖动准备复制数据的单元格右下角，待鼠标指针变为十的时候复制到指定位置，如图 9-21 所示。

图 9-22

04 完成填充

一列单元格数据已被填充，这样即可自动填充一列或一行相同的数据，如图 9-22 所示。

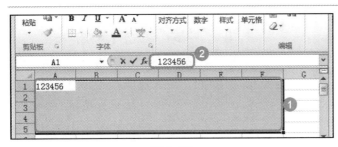

图 9-23

05 拖动单元格

No1 拖动选中准备输入相同数据的单元格。

No2 在编辑栏中输入数据"123456"，然后按键盘上的【Ctrl】+【Enter】组合键，如图9-23所示。

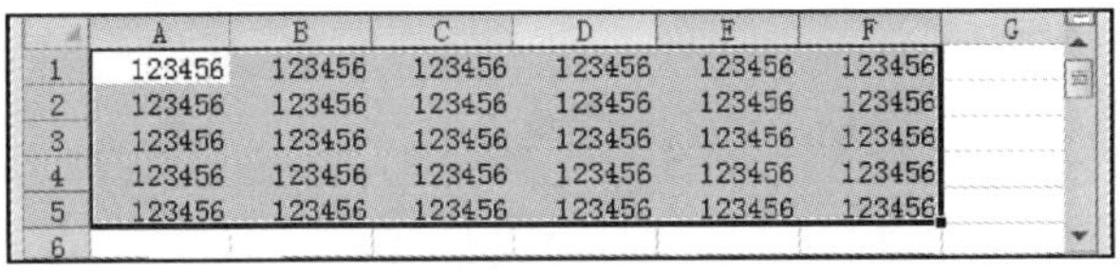

图 9-24

06 完成输入

完成输入相同数据的操作，如图9-24所示。

2. 快速输入等比数据

下面具体介绍快速输入等比数据的操作方法。

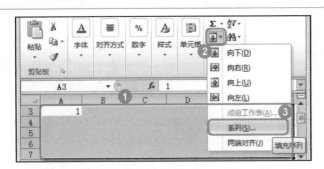

图 9-25

01 单击【填充】按钮

No1 选中准备输入等比数据的单元格。

No2 单击【填充】按钮。

No3 在弹出的菜单中选择【系列】菜单项，如图9-25所示。

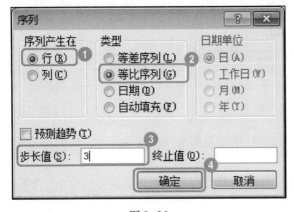

图 9-26

02 弹出对话框

No1 弹出【序列】对话框，选择【行】单选按钮。

No2 选择【等比序列】单选按钮。

No3 在【步长值】文本框中输入数值"3"。

No4 单击【确定】按钮，如图9-26所示。

图 9-27

03 单击【填充】按钮

No1 在工作编辑区中显示一行等比为"3"的数据,单击【填充】按钮。

No2 在弹出的菜单中选择【系列】菜单项,如图 9-27 所示。

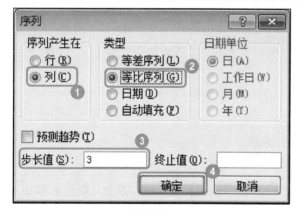

图 9-28

04 弹出对话框

No1 弹出【序列】对话框,选择【列】单选按钮。

No2 选择【等比序列】单选按钮。

No3 在【步长值】文本框中输入数值,如输入数字"3"。

No4 单击【确定】按钮,如图 9-28 所示。

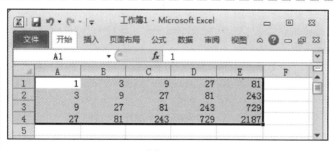

图 9-29

05 完成输入

被选中的单元格区域内已被填充了等比数据,这样即可快速输入等比数据,如图 9-29 所示。

3. 快速输入等差数据

等差数列是一种常见数列,如果一个数列从第二项起每一项与它的前一项的差等于同一个常数,这个数列就叫等差数列。

如果需要在多个单元格中输入等差数据,用户可以通过填充数据的方法完成,下面具体介绍快速输入等差数据的操作方法。

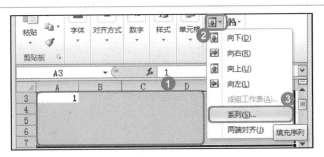

图 9-30

01 单击【填充】按钮

No1　拖动选中准备输入等差数据的单元格。

No2　单击【填充】按钮。

No3　选择【系列】菜单项，如图 9-30 所示。

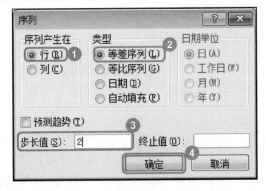

图 9-31

02 弹出对话框

No1　弹出【序列】对话框，选择【行】单选按钮。

No2　选择【等差序列】单选按钮。

No3　在【步长值】文本框中输入数字"2"。

No4　单击【确定】按钮，如图 9-31 所示。

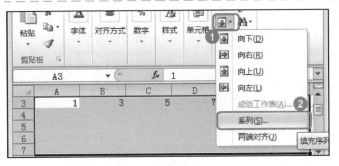

图 9-32

03 单击【填充】按钮

No1　在工作编辑区中显示一行等差为"2"的数据，单击【填充】按钮。

No2　选择【系列】菜单项，如图 9-32 所示。

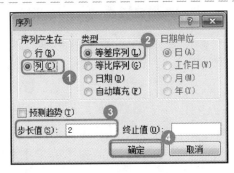

图 9-33

04 弹出对话框

No1　弹出【序列】对话框，选择【列】单选按钮。

No2　选择【等差序列】单选按钮。

No3　在【步长值】文本框中输入数值。

No4　单击【确定】按钮，如图 9-33 所示。

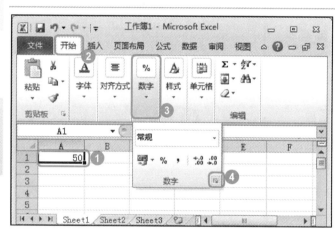

图 9-34

05 完成输入

被选中的单元格区域内已被填充等差数据，这样即可快速输入等差数据，如图 9-34 所示。

9.2.3 设置数据填充格式

在 Excel 2010 软件中默认输入的数据格式为"常规"，而输入数据的格式可以根据用户的需要进行更改，如数字、货币、日期、时间等，下面以设置数据格式为"货币"为例介绍设置数据格式的方法。

图 9-35

01 选择【开始】选项卡

No1 选中准备更改格式的单元格。

No2 选择【开始】选项卡。

No3 单击【数字】组。

No4 单击【启动器】按钮，如图 9-35 所示。

图 9-36

02 弹出对话框

No1 弹出【设置单元格格式】对话框，选择【数字】选项卡。

No2 在【分类】列表框中选择【货币】选项。

No3 单击【确定】按钮，如图 9-36所示。

图 9-37

03 完成设置

数据格式已被设置为货币格式，如图9-37所示。

9.2.4　设置字符格式

在 Excel 2010 软件中用户也可以输入文字数据，并且根据个人需要对文字的字体、大小、字形和颜色等格式进行设置，下面介绍设置字符格式的方法。

图 9-38

01 选择【开始】选项卡

No1　选中准备更改格式的单元格。

No2　选择【开始】选项卡。

No3　单击【字体】组中的【启动器】按钮，如图9-38所示。

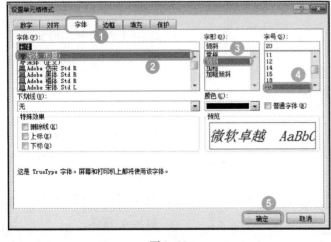

图 9-39

02 弹出对话框

No1　弹出【设置单元格格式】对话框，选择【字体】选项卡。

No2　在【字体】列表框中选择【宋体】选项。

No3　在【字形】列表框中选择【倾斜】选项。

No4　选择字号为【20】。

No5　单击【确定】按钮，如图9-39所示。

图 9-40

03　完成设置

单元格 A1 中的字体已改变格式，这样即可设置字符格式，如图 9-40 所示。

<blockquote>
Section

9.3　单元格的基本操作
</blockquote>

本节导读

用户可以根据个人需要对单元格进行自定义设置，如插入单元格、删除单元格、合并单元格、拆分单元格、设置单元格的行高与列宽、插入或删除整行和整列单元格等操作。本节将具体介绍单元格的基本操作。

9.3.1　插入与删除单元格

用户可以在指定位置插入或删除单元格，下面介绍插入与删除单元格的方法。

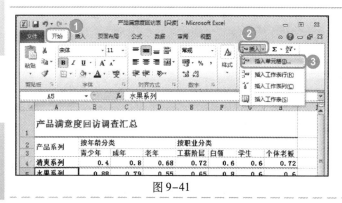
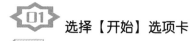

图 9-41

01　选择【开始】选项卡

No1　选中准备插入单元格的位置，选择【开始】选项卡。

No2　在【单元格】组中单击【插入】下拉按钮。

No3　选择【插入单元格】菜单项，如图 9-41 所示。

图 9-42

02　弹出对话框

No1　弹出【插入】对话框，选择【活动单元格下移】单选按钮。

No2　单击【确定】按钮，如图 9-42 所示。

图 9-43

03 插入单元格

在单元格 A5 处插入一个单元格,如图 9-43 所示。

图 9-44

04 单击【单元格】组

No1 选中准备删除的单元格。

No2 在【单元格】组中单击【删除】下拉按钮。

No3 选择【删除单元格】菜单项,如图 9-44 所示。

图 9-45

05 弹出对话框

No1 弹出【删除】对话框,选择【下方单元格上移】单选按钮。

No2 单击【确定】按钮,如图 9-45 所示。

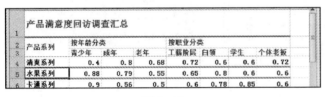

图 9-46

06 完成删除单元格的操作

单元格 A6 已被删除,这样即可删除单元格,如图 9-46 所示。

知识精讲

在 Excel 2010 软件中,用户可以通过【插入】对话框与【删除】对话框自定义单元格插入的位置与单元格删除后其他单元格的位置。

9.3.2 合并与拆分单元格

在 Excel 2010 中,用户可以通过合并单元格操作将两个或多个单元格组合在一起,也可以将合并后的单元格进行拆分，下面介绍合并与拆分单元格的方法。

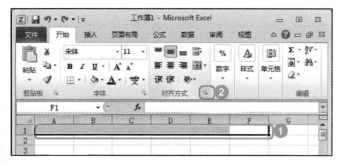

图 9-47

01 单击【对齐方式】组

No1 选中准备合并的单元格。

No2 在【对齐方式】组中单击【设置单元格格式】按钮，如图 9-47 所示。

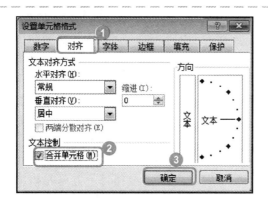

图 9-48

02 弹出对话框

No1 弹出【设置单元格格式】对话框，选择【对齐】选项卡。

No2 选择【合并单元格】复选框。

No3 单击【确定】按钮，如图 9-48 所示。

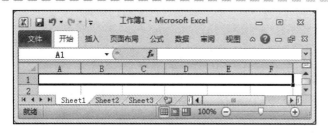

图 9-49

03 合并单元格

被选中的单元格已被合并，这样即可将多个单元格合并成一个单元格，如图 9-49 所示。

图 9-50

04 选择单元格

No1 选择要拆分的单元格。

No2 在【对齐方式】组中单击【设置单元格格式】按钮，如图 9-50 所示。

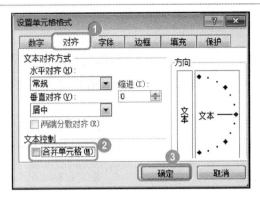

图 9-51

05 弹出对话框

No1 弹出【设置单元格格式】对话框，选择【对齐】选项卡。

No2 取消选择【合并单元格】复选框。

No3 单击【确定】按钮，如图 9-51 所示。

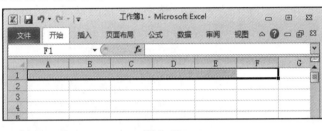

图 9-52

06 完成拆分

被选中的单元格已被拆分，这样即可将合并后的单元格拆分成多个单元格，如图 9-52 所示。

9.3.3 设置行高和列宽

在单元格中输入数据时会出现数据和单元格的尺寸不符合的情况，此时用户可以对单元格的行高和列宽进行设置，下面介绍设置行高和列宽的操作方法。

1. 手动或自动设置行高

行高是指工作表中整行单元格的高度，下面介绍手动或自动设置行高的方法。

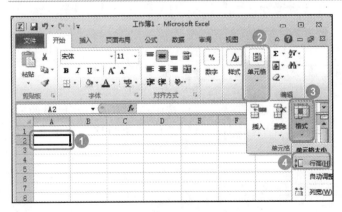

图 9-53

01 选择单元格

No1 选择准备改变行高的单元格。

No2 单击【单元格】组。

No3 单击【格式】下拉按钮。

No4 选择【行高】菜单项，如图 9-53 所示。

图 9-54

02　弹出对话框

No1　弹出【行高】对话框，在【行高】文本框中输入数值"55"。

No2　单击【确定】按钮，如图 9-54 所示。

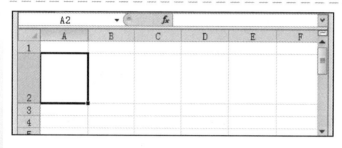

图 9-55

03　完成修改

　　选中单元格的行高已被改变，这样即可手动设置选定单元格的行高，如图 9-55 所示。

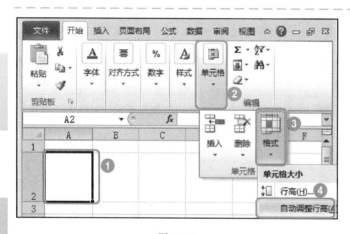

图 9-56

04　选择单元格

No1　选择准备改变行高的单元格。

No2　单击【单元格】组。

No3　单击【格式】下拉按钮。

No4　选择【自动调整行高】菜单项，如图 9-56 所示。

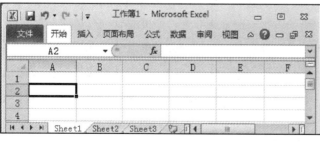

图 9-57

05　完成修改

　　选中单元格的行高已被改变，这样即可自动调整选定单元格的行高，如图 9-57 所示。

2. 手动或自动设置列宽

列宽是指工作表中整列单元格的宽度，下面介绍手动或自动设置列宽的方法。

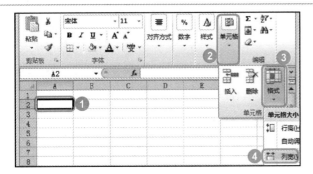

图 9-58

01 选择单元格

No1 选择准备改变列宽的单元格。

No2 单击【单元格】组。

No3 单击【格式】下拉按钮。

No4 选择【列宽】菜单项，如图 9-58 所示。

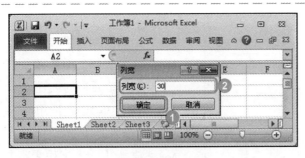

图 9-59

02 弹出对话框

No1 弹出【列宽】对话框，在【列宽】文本框中输入"30"。

No2 单击【确定】按钮，如图 9-59 所示。

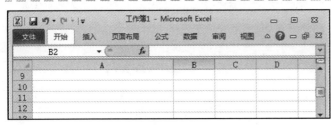

图 9-60

03 完成修改

选中单元格的列宽已被改变，这样即可手动设置选定单元格的列宽，如图 9-60 所示。

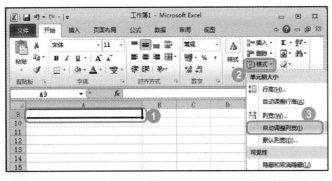

图 9-61

04 选择对话框

No1 选中准备改变列宽的单元格。

No2 在【单元格】组中单击【格式】下拉按钮。

No3 选择【自动调整列宽】菜单项，如图 9-61 所示。

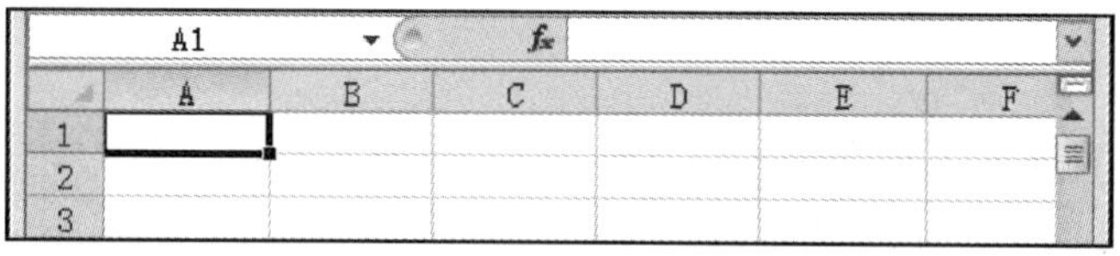

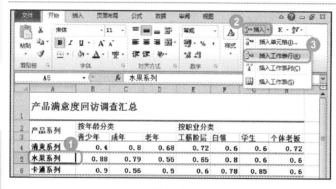

图 9-62

05 完成修改

单元格列宽已被改变，如图 9-62 所示。

9.3.4 插入与删除行和列

用户可以根据需要插入或删除行和列，下面介绍插入与删除行和列的方法。

1. 插入行和列

如果准备添加一行或一列新数据，可以进行插入行和列的操作，下面介绍方法。

图 9-63

01 选中整行单元格

No1 打开表格，选中准备插入整行单元格的位置。

No2 在【单元格】组中单击【插入】下拉按钮。

No3 选择【插入工作表行】菜单项，如图 9-63 所示。

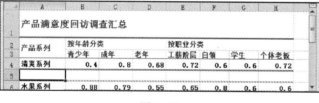

图 9-64

02 插入行

在选定的位置插入一行单元格，这样即可插入行，如图 9-64 所示。

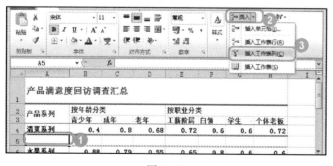

图 9-65

03 选中整列单元格

No1 选中准备插入整列单元格的位置。

No2 在【单元格】组中单击【插入】下拉按钮。

No3 选择【插入工作表列】菜单项，如图 9-65 所示。

图 9-66

04 完成插入

在选定位置插入一列单元格，这样即可插入列，如图 9-66 所示。

2. 删除行和列

如果在编辑工作表时准备将数据周围一行或一列的数据删除，可以通过删除行和列的操作进行删除，下面介绍删除行和列的操作方法。

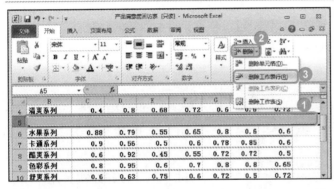

图 9-67

01 选中整行单元格

No1　选择准备删除整行的单元格。

No2　在【单元格】组中单击【删除】下拉按钮。

No3　选择【删除工作表行】菜单项，如图 9-67 所示。

	A	B	C	D	E	F	G	H	I
4		清爽系列	0.4	0.8	0.68	0.72	0.6	0.6	0.7
5		水果系列	0.88	0.79	0.55	0.65	0.8	0.6	0.6
6		卡通系列	0.9	0.56	0.5	0.6	0.78	0.85	0.6
7		酷爽系列	0.6	0.92	0.45	0.55	0.72	0.72	0.6
8		色彩系列	0.8	0.95	0.6	0.7	0.8	0.8	0.65
9		舒爽系列	0.6	0.63	0.75	0.6	0.72	0.5	0.7
10		柔和系列	0.55	0.6	0.85	0.8	0.6	0.6	0.65

图 9-68

02 删除行

选定的一行单元格已被删除，下面的数据会自动补齐，这样即可删除行，如图 9-68 所示。

	A	B	C	D	E	F	G	H	I
4		清爽系列	0.4	0.8	0.68	0.72	0.6	0.6	0.7
5		水果系列	0.88	0.79	0.55	0.65	0.8	0.6	0.1
6		卡通系列	0.9	0.56	0.5	0.6	0.78	0.85	0.1
7		酷爽系列	0.6	0.92	0.45	0.55	0.72	0.72	0.1
8		色彩系列	0.8	0.95	0.6	0.7	0.8	0.8	0.65
9		舒爽系列	0.6	0.63	0.75	0.6	0.72	0.5	0.7
10		柔和系列	0.55	0.6	0.85	0.8	0.6	0.6	0.65

图 9-69

03 选中整列单元格

No1　选择准备删除整列的单元格。

No2　在【单元格】组中单击【删除】下拉按钮。

No3　选择【删除工作表列】菜单项，如图 9-69 所示。

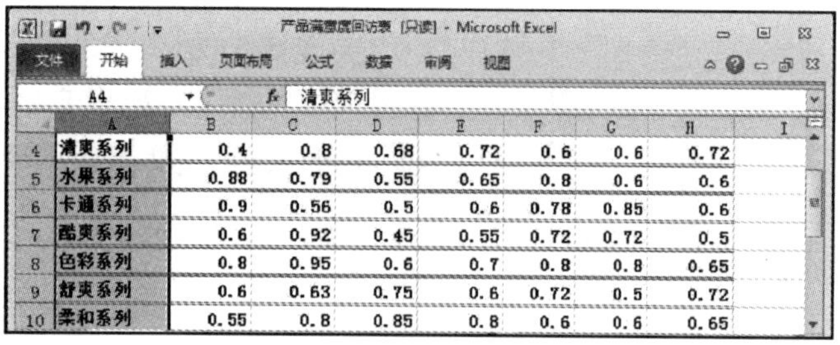

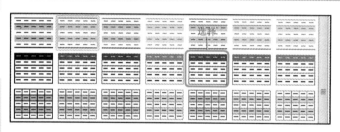

图 9-70

04 完成删除

选定的一列单元格已被删除，右边的数据会自动补齐，这样即可删除列，如图 9-70 所示。

9.3.5 设置文本对齐方式

在使用 Excel 2010 对工作表进行编辑时，用户可以将单元格中的数据按照自己设定的对齐方式显示，下面具体介绍设置文本对齐方式的操作方法。

图 9-71

01 选择单元格

No1 选择准备进行编辑的单元格。

No2 在【对齐方式】组中单击【设置单元格格式】按钮，如图 9-71 所示。

图 9-72

02 弹出对话框

No1 弹出【设置单元格格式】对话框，选择【对齐】选项卡。

No2 选择【水平对齐】的方式，如"居中"。

No3 选择【垂直对齐】的方式，如"靠下"。

No4 单击【确定】按钮，如图 9-72 所示。

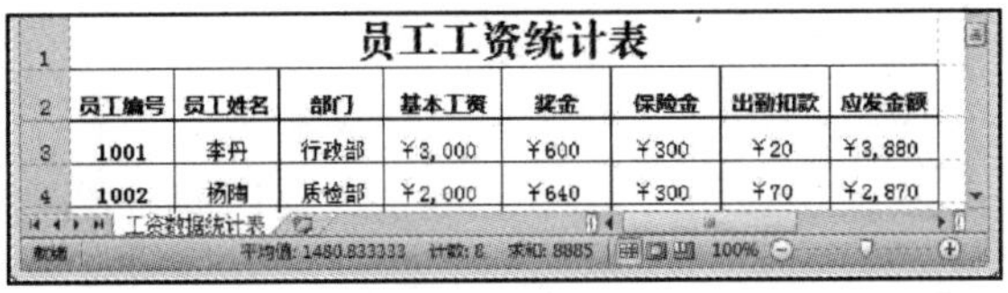

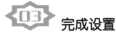

员工工资统计表							
员工编号	员工姓名	部门	基本工资	奖金	保险金	出勤扣款	应发金额
1001	李丹	行政部	￥3,000	￥600	￥300	￥20	￥3,880
1002	杨雨	质检部	￥2,000	￥640	￥300	￥70	￥2,870

图 9-73

03 完成设置

完成以上操作即可设置表格的对齐方式，如图 9-73 所示。

Section 9.4 美化工作表

本节导读

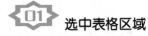

在 Excel 2010 中完成工作表数据的编辑操作后可以对表格边框和填充效果等进行设置，从而达到美化工作表的目的。本节将介绍美化工作表的操作方法。

9.4.1 设置表格边框

在 Excel 2010 中可以为表格设置边框，下面介绍设置表格边框的操作方法。

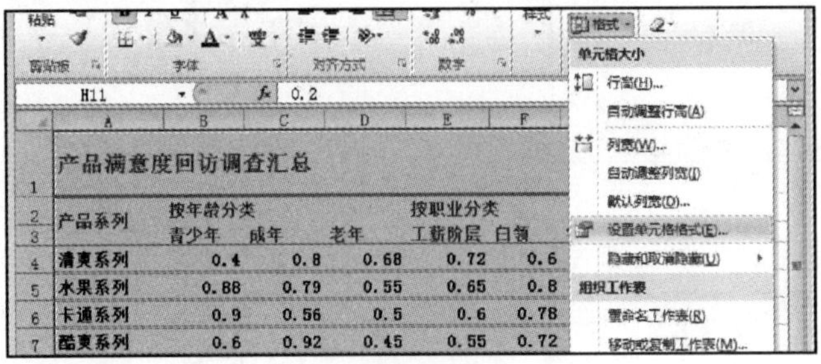

图 9-74

01 选中表格区域

No1 选中表格区域。

No2 在【单元格】组中单击【格式】按钮。

No3 选择【设置单元格格式】菜单项，如图 9-74 所示。

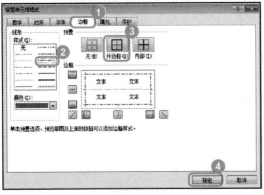

图 9-75

02 弹出对话框

No1 弹出对话框，选择【边框】选项卡。

No2 在【样式】列表框中选择外边框的样式。

No3 单击【外边框】按钮。

No4 单击【确定】按钮，如图 9-75所示。

7	酷爽系列	0.6	0.92	0.45	0.55	0.72	0.72	0.5
8	色彩系列	0.8	0.95	0.6	0.7	0.8	0.8	0.65
9	舒爽系列	0.6	0.63	0.75	0.6	0.72	0.5	0.72
10	柔和系列	0.55	0.8	0.85	0.8	0.6	0.6	0.65
11	劲爆系列	0.78	0.5	0.1	0.5	0.85	0.5	0.2
12								

图 9-76

03 完成添加

完成上述操作即可给表格添加边框，如图 9-76 所示。

9.4.2 设置表格填充效果

为了使工作表更加美观，可以为表格填充效果，下面介绍给表格填充效果的方法。

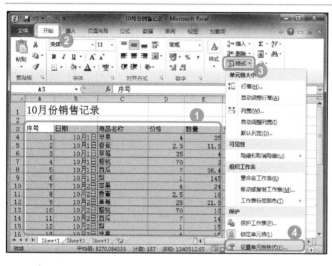

图 9-77

01 选中单元格

No.1 选中准备设置填充效果的表格区域。

No.2 选择【开始】选项卡。

No.3 在【单元格】组中单击【格式】按钮。

No.4 在弹出的下拉菜单中选择【设置单元格格式】菜单项，如图 9-77 所示。

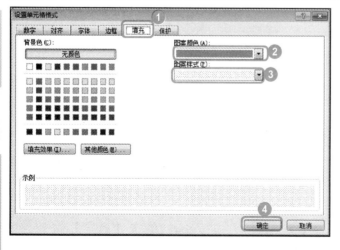

图 9-78

02 弹出对话框

No.1 弹出【设置单元格格式】对话框，选择【填充】选项卡。

No.2 在【图案颜色】下拉列表框中选择图案颜色选项。

No.3 在【图案样式】下拉列表框中选择图案样式选项。

No.4 单击【确定】按钮，如图 9-78 所示。

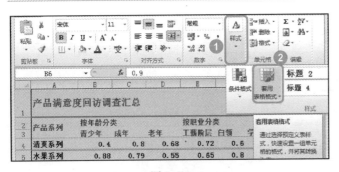

图 9-79

03 完成填充

通过上述操作即可完成表格填充效果的设置，如图 9 – 79 所示。

9.4.3　设置工作表样式

在工作表输入与编辑完成后，用户可以通过设置表格边框和设置填充效果的方法对工作表进行美化，而 Excel 2010 为满足广大用户对工作表视觉感的需求提供了多种设置完成的工作表样式，下面介绍设置工作表样式的具体操作方法。

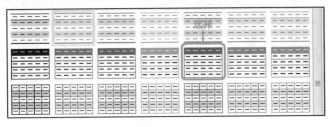

图 9-80

01 单击【样式】组

No1　在【开始】选项卡中单击【样式】组。

No2　单击【套用表格格式】下拉按钮，如图 9-80 所示。

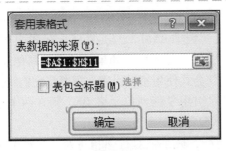

图 9-81

02 选择表格格式

在弹出的【套用表格格式】下拉菜单中选择准备使用的表格格式，如图 9-81 所示。

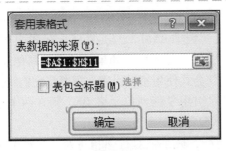

图 9-82

03 弹出对话框

弹出【套用表格式】对话框，单击【确定】按钮，如图 9-82 所示。

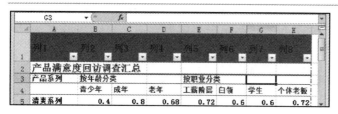

图 9-83

04 完成设置

工作表样式已被改变，这样即可设置工作表样式，如图 9-83 所示。

9.5 计算表格数据

使用 Excel 2010 可以进行各种数据的计算和处理、统计分析和辅助决策操作，并管理电子表格或网页中的列表，主要应用于管理、统计财经、金融等众多领域，本节将介绍计算表格数据的方法。

9.5.1 引用单元格

1. 引用单元格的样式

引用单元格是 Excel 2010 软件中的术语，指单元格在表中坐标位置的标识，在默认情况下 Excel 2010 中单元格的引用样式为 A1 引用样式。A1 引用样式是指用单元格中列标和行号的组合来标识单元格或单元格区域的引用样式。例如 A1 表示引用单元格；A1: K8 表示引用单元格区域；3: 15 表示引用整行；B: G 表示引用整列。

2. 引用单元格的类型

Excel 单元格的引用类型包括相对引用、绝对引用和混合引用 3 种。

➤ 相对引用：基于包含公式和单元格引用的单元格的相对位置。如果公式所在单元格的位置改变，引用也随之改变。

➤ 绝对引用：单元格中的绝对单元格引用（例如 A1）总是在指定位置引用单元格。如果公式所在单元格的位置改变，绝对引用保持不变。如果多行或多列地复制公式，绝对引用将不做调整。在默认情况下，新公式使用相对引用，需要将它们转换为绝对引用。例如，如果将单元格 B2 中的绝对引用复制到单元格 B3，则在两个单元格中一样，都是 A1。

➤ 混合引用：混合引用具有绝对列和相对行，或是绝对行和相对列。绝对引用列采用 $A1、$B1 等形式，绝对引用行采用 A$1、B$1 等形式。如果公式所在单元格的位置改变，则相对引用改变，而绝对引用不变。如果多行或多列地复制公式，相对引用自

动调整，而绝对引用不做调整。例如，如果将一个混合引用从 A2 复制到 B3，它将从
" = A\$1" 调整到 " = B\$1"。

9.5.2 输入公式

公式是 Excel 工作表中进行数值计算的等式，公式输入是以 " = "开始的，简单的公式
有加、减、乘、除等计算，下面介绍输入公式的操作方法。

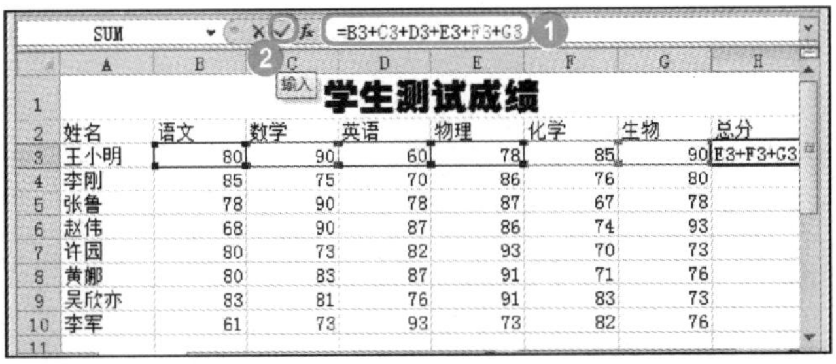

图 9-84

01 选中单元格

No1 选中准备显示结果的单元格，在编辑栏中输入公式。

No2 单击【输入】按钮，如图 9-84 所示。

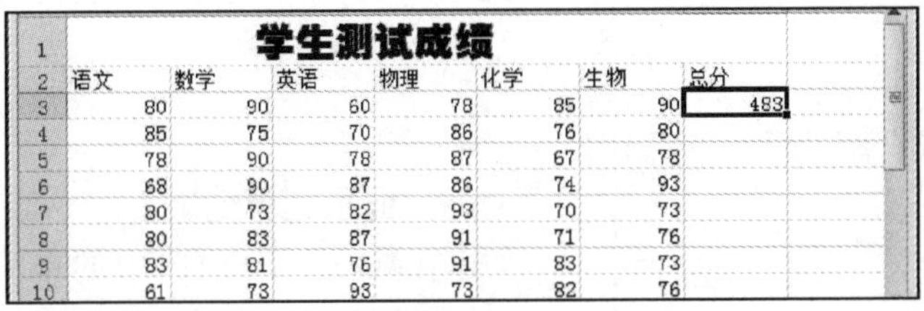

图 9-85

02 显示运算结果

公式的运算结果显示在选中的单元格中，如图 9-85 所示。

9.5.3 输入函数

Excel 2010 中的函数是一些预定义的公式，使用一些被称为参数的特定数值按特定的顺序或结构进行计算。下面介绍输入函数的操作方法。

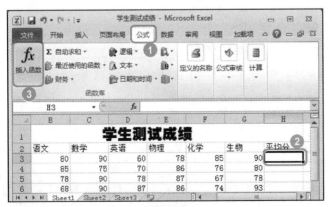

图 9-86

01 选择【公式】选项卡

No1 选择【公式】选项卡。

No2 选中准备显示结果的单元格。

No3 单击【插入函数】按钮，如图 9-86 所示。

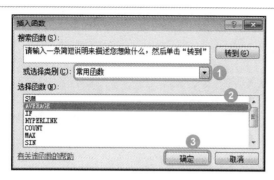

图 9-87

02 弹出对话框

No1 弹出【插入函数】对话框，选择函数类别。

No2 选择函数。

No3 单击【确定】按钮，如图 9-87 所示。

图 9-88

03 弹出对话框

No1 弹出【函数参数】对话框，在【Number1】文本框中输入运算范围。

No2 单击【确定】按钮，如图 9-88 所示。

图 9-89

04 显示运算结果

运算数据显示在选中的单元格中，如图 9-89 所示。

Section
9.6 管理表格数据

本节导读

使用 Excel 2010 可以对工作表中的数据进行管理，如进行排序数据、筛选数据等操作，更加清晰地显示数据内容，本节将具体介绍管理表格数据的操作方法。

9.6.1 排序数据

排序是指将数据按一定的规律进行整合排列的过程，从而有规律地显示数据，下面介绍排序数据的操作方法。

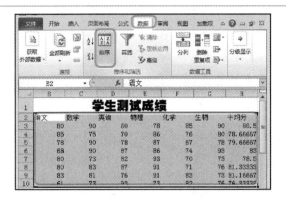

图9-90

01 选择【数据】选项卡

No1 选择【数据】选项卡。

No2 选择准备进行排序的数据。

No3 单击【排序】按钮，如图9-90所示。

图9-91

02 弹出对话框

弹出【排序】对话框，分别在【列】【排序依据】【次序】列表框中设置主要关键字，如图9-91所示。

图9-92

03 完成表格排序

学生测试成绩表中的数据排序完成，如图9-92所示。

知识精讲

在【排序】对话框中【主要关键字】是排序的主要规律，而当数字按照【主要关键字】的规律排序出现相同时依照【次要关键字】的规律排序。

9.6.2 筛选数据

筛选数据是将工作表中满足筛选条件的数据显示出来，而将不满足筛选条件的数据隐藏，下面介绍筛选数据的具体操作方法。

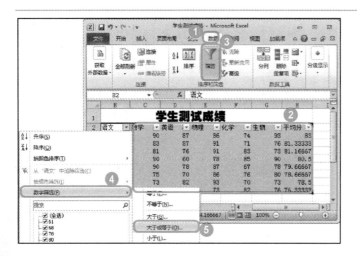

图 9-93

01 选中数据

No1 选择【数据】选项卡。

No2 选中准备筛选的数据。

No3 单击【筛选】按钮。

No4 单击【语文】下拉按钮，在弹出的菜单中选择【数字筛选】菜单项。

No5 在弹出的子菜单中选择【大于或等于】菜单项，如图 9-93 所示。

图 9-94

02 弹出对话框

No1 弹出【自定义自动筛选方式】对话框，在文本框中输入 80。

No2 单击【确定】按钮，如图 9-94 所示。

图 9-95

03 完成筛选数据的操作

通过以上操作即可完成数据的筛选，如图 9-95 所示。

知识导讯

选中准备进行筛选的表格数据，按下键盘上的【Ctrl】+【Shift】+【L】组合键，即可快速进行筛选；按下键盘上的【Alt】+【D】+【F】组合键，可以快速进行数据筛选。选择【筛选值】菜单项，在弹出的子菜单中有 9 个值筛选条件，用户可以根据需要选择适合的条件进行筛选。若对值区域中的数据进行排序，可以选择数据透视表中的值字段，然后选择【数据】选项卡，在【排序和筛选】组中单击【升序】或者【降序】按钮。

9.7 实践案例与上机操作

本节导读

通过本章的学习，读者基本上可以掌握 Excel 2010 的基本知识以及一些常见的操作方法，下面进行上机操作，以达到巩固学习、拓展提高的目的。

9.7.1 分类汇总数据

分类汇总就是为所选数据进行指定的分类，下面介绍分类汇总的方法。

图 9-96

01 选择【数据】选项卡

No1 选择【数据】选项卡。

No2 选中准备进行分类汇总的数据。

No3 单击【升序】按钮，如图 9-96 所示。

图 9-97

02 单击【分级显示】组

No1 单击【分级显示】组。

No2 单击【分类汇总】按钮，如图 9-97 所示。

图 9-98

03 弹出对话框

No1 弹出【分类汇总】对话框，在【分类字段】和【汇总方式】下拉列表框中选择选项，然后选择准备汇总项的复选框。

No2 单击【确定】按钮，如图 9-98 所示。

	A	B	C	D	E	F	G
1			学生测试成绩				
2	姓名	班级	语文	数学	英语	物理	化学
3	黄娜	一班	85	75	70	86	76
4	李刚	一班	80	83	87	91	71
5	王海涛	一班	75	90	86	89	75
6		一班 汇总	240	248	243	266	222
7	吴欣亦	二班	80	73	82	93	70
8	张鲁	二班	83	81	76	91	83
9	赵伟	二班	80	90	60	78	85
10		二班 汇总	243	244	218	262	238
11		总计	483	492	461	528	460

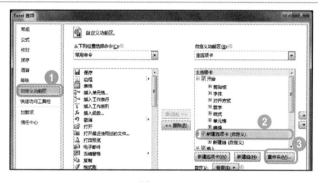

图 9-99

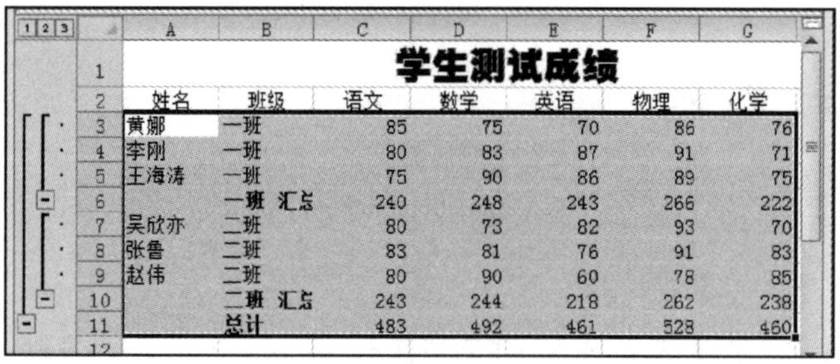

04 完成汇总

选定的数据已被分类汇总，在每一类下面自动添加一行，显示分类的名称和汇总数值，如图 9-99 所示。

9.7.2 重命名选项卡和组

在 Excel 2010 中用户可以根据使用需要重命名选项卡和组，下面介绍重命名选项卡和组的操作方法。

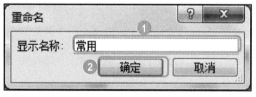

图 9-100

01 打开对话框

No1 打开【Excel 选项】对话框，选择【自定义功能区】选项。

No2 在【主选项卡】列表框中选择【新建选项卡】选项。

No3 单击【重命名】按钮，如图 9-100 所示。

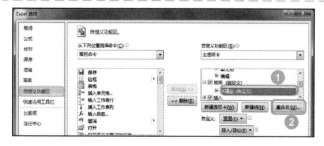

图 9-101

02 输入名称

No1 输入选项卡的名称。

No2 单击【确定】按钮，如图 9-101 所示。

图 9-102

03 选择【新建组】选项

No1 在【主选项卡】列表框中选择【新建组】选项。

No2 单击【重命名】按钮，如图 9-102 所示。

图 9-103

04 弹出【重命名】对话框

No1　弹出【重命名】对话框，在【显示名称】文本框中输入显示名称。

No2　单击【确定】按钮，如图 9-103 所示。

举一反三

在【主选项卡】列表框中取消选中不准备显示的选项卡选项，单击【确定】按钮后可以隐藏选项卡。

图 9-104

05 单击【确定】按钮

No1　【主选项卡】列表框中显示新名称。

No2　单击【确定】按钮，如图 9-104 所示。

图 9-105

06 完成重命名的操作

通过上述操作即可重命名选项卡和组，如图 9-105 所示。

9.7.3　使用条件格式突出表格内容

在 Excel 表格中可以使用条件格式突出显示相关单元格，强调异常值，实现数据的可视化效果，下面介绍使用条件格式突出表格内容的操作方法。

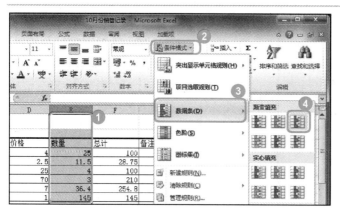

图 9-106

图 9-107

01 选中表格列

No1 选择准备设置条件格式的表格列。

No2 在【样式】组中单击【条件格式】按钮。

No3 在弹出的下拉菜单中选择【数据条】菜单项。

No4 选择【红色数据条】菜单项，如图 9-106 所示。

02 完成操作

通过上述操作即可使用条件格式突出表格内容，如图 9-107 所示。

显示负值数据条

在 Excel 2010 中为具有正负值的数据区域应用数据格式时可以使用数据条条件格式，此时负值的数据条显示在正值轴的另一端。

第10章

使用PowerPoint 2010制作幻灯片

本章内容导读

本章主要介绍 PowerPoint 2010 创建演示文稿和保存演示文稿方面的知识，还针对实际的工作需求讲解了设置幻灯片布局、设置幻灯片的背景颜色和放映幻灯片的方法。通过本章的学习，读者可以掌握 PowerPoint 2010 基础操作方面的知识，为进一步学习 Power-Point 2010 知识奠定了基础。

本章知识要点

- ☑ 文稿的基本操作
- ☑ 幻灯片的基本操作
- ☑ 输入与设置文本
- ☑ 美化演示文稿
- ☑ 设置幻灯片的动画效果
- ☑ 放映幻灯片

10.1 文稿的基本操作

本节导读

认识了 PowerPoint 2010 的工作界面，并掌握了启动和退出 PowerPoint 2010 的操作方法后，接下来用户可以学习演示文稿的基本操作方法，从而便于对演示文稿进行编辑操作。 本节将详细介绍新建演示文稿、保存演示文稿、关闭演示文稿和打开演示文稿的操作方法。

10.1.1 创建演示文稿

启动 PowerPoint 2010 后系统会自动新建一个名为"演示文稿1"的空白演示文稿，在操作过程中如果准备在新的演示文稿中进行幻灯片的新建与编辑操作，也可以新建演示文稿，下面介绍新建演示文稿的操作方法。

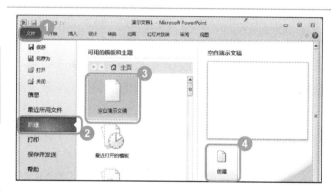

图 10-1

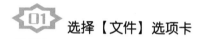

01 选择【文件】选项卡

No1 在 PowerPoint 2010 中选择【文件】选项卡。

No2 在 Backstage 视图中选择【新建】选项。

No3 在【可用的模板和主题】区域选择准备应用的模板选项。

No4 单击【创建】按钮，如图 10-1 所示。

图 10-2

02 完成演示文稿的创建

通过上述操作即可新建一个空白演示文稿，如图 10-2 所示。

 举一反三

在 Backstage 视图中双击准备应用的模板选项可快速新建演示文稿。

10.1.2 保存演示文稿

在 PowerPoint 2010 中完成演示文稿的创建与编辑操作后可以将演示文稿保存到电脑中，从而便于日后对演示文稿内容的查看与编辑操作，下面介绍保存演示文稿的操作方法。

图 10-3

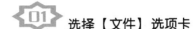 选择【文件】选项卡

No1 在 PowerPoint 2010 中选择【文件】选项卡。

No2 在 Backstage 视图中单击【保存】按钮，如图 10-3 所示。

图 10-4

02 弹出对话框

No1 弹出【另存为】对话框，选择演示文稿的保存位置。

No2 在【文件名】文本框中输入工作簿名称。

No3 单击【保存】按钮，如图 10-4 所示。

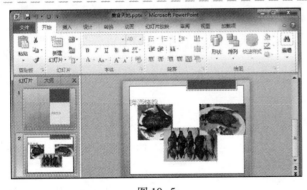

图 10-5

03 完成保存

通过上述操作即可保存演示文稿，如图 10-5 所示。

举一反三

在快速访问工具栏中单击【保存】按钮也可进行保存演示文稿的操作。

10.1.3 关闭演示文稿

在 PowerPoint 2010 中完成演示文稿的编辑操作后，如果不准备使用该演示文稿，则可关闭演示文稿，下面介绍关闭演示文稿的操作方法。

图 10-6

01 选择【文件】选项卡

No1 在 PowerPoint 2010 中保存演示文稿后选择【文件】选项卡。

No2 在 Backstage 视图中单击【关闭】按钮，如图 10-6 所示。

图 10-7

02 关闭演示文稿

通过上述操作即可关闭演示文稿，如图 10-7 所示。

10.1.4 打开演示文稿

如果准备使用 PowerPoint 2010 查看或编辑电脑中保存的演示文稿内容，可以打开演示文稿，下面介绍打开演示文稿的方法。

1. 使用对话框打开演示文稿

在 PowerPoint 2010 中使用【打开】对话框可以快速打开保存在电脑中的演示文稿，下面介绍使用【打开】对话框打开演示文稿的操作方法。

图 10-8

01 选择【文件】选项卡

No1 在 PowerPoint 2010 中选择【文件】选项卡。

No2 在 Backstage 视图中单击【打开】按钮，如图 10-8 所示。

图 10-9

图 10-10

02 弹出对话框

No1 弹出【打开】对话框，选择保存位置。

No2 选择准备打开的演示文稿。

No3 单击【打开】按钮，如图 10-9 所示。

03 打开演示文稿

通过上述操作即可使用对话框打开演示文稿，如图 10-10 所示。

举一反三

在键盘上按下【Ctrl】+【O】组合键，可以弹出【打开】对话框进行打开演示文稿的操作。

2. 使用选项打开演示文稿

在 PowerPoint 2010 中，如果准备打开的演示文稿是最近使用的文档，可以使用 Backstage 视图中的【最近所用文件】选项进行打开演示文稿的操作，下面介绍使用该选项打开演示文稿的操作方法。

图 10-11

01 选择【文件】选项卡

No1 在 PowerPoint 2010 中选择【文件】选项卡。

No2 在 Backstage 视图中选择【最近所用文件】选项。

No3 在【最近使用的演示文稿】区域选择要打开的演示文稿，如图 10-11 所示。

175

图 10-12

02 打开演示文稿

通过上述操作即可打开演示文稿，如图 10-12 所示。

举一反三

按下键盘上的【Ctrl】+【W】组合键可快速关闭演示文稿。

Section
10.2 幻灯片的基本操作

☆节导读☆

如果准备在 PowerPoint 2010 中制作幻灯片，用户首先需要了解幻灯片的操作方法，如选择幻灯片、插入新幻灯片、移动幻灯片、复制幻灯片和删除幻灯片，为使用幻灯片打下基础。

10.2.1 选择幻灯片

在 PowerPoint 中进行幻灯片的编辑操作时首先需要选择幻灯片，下面介绍选择幻灯片的操作方法。

在 PowerPoint 2010 中打开演示文稿后，在大纲区中选择【幻灯片】选项卡，单击准备选择的幻灯片缩略图即可选择幻灯片，如图 10-13 所示。

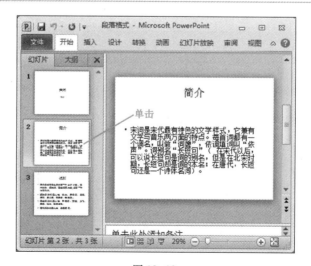

图 10-13

知识精讲

选择一张幻灯片后，在键盘上按下【↑】键或【↓】键可以在幻灯片之间进行切换。

10.2.2 插入幻灯片

在 PowerPoint 2010 中可以插入不同版式的新幻灯片，从而完善演示文稿内容，下面介绍插入新幻灯片的操作方法。

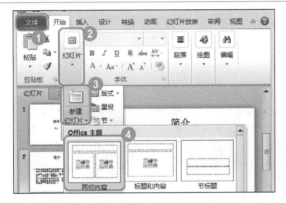

图 10-14

01 选择【开始】选项卡

No1 选择【开始】选项卡。

No2 单击【幻灯片】按钮。

No3 单击【新建幻灯片】按钮。

No4 选择【两栏内容】选项，如图 10-14 所示。

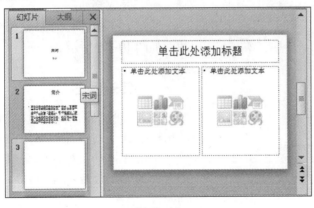

图 10-15

02 完成幻灯片的插入

通过上述操作即可插入新幻灯片，如图 10-15 所示。

举一反三

在大纲区中选择幻灯片后，在键盘上按下【Enter】键，可以在该幻灯片之后插入一个与该幻灯片版式相同的新幻灯片。

10.2.3 移动和复制幻灯片

在 PowerPoint 2010 中可以将选择的幻灯片移动到指定位置，还可以为选择的幻灯片创建副本，下面介绍移动和复制幻灯片的操作方法。

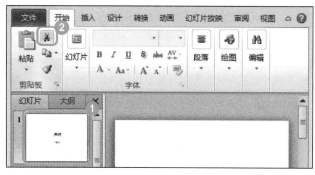

图 10-16

01 选择幻灯片

No1 在大纲区中选择准备移动的幻灯片缩略图。

No2 在【剪贴板】组中单击【剪切】按钮，如图 10-16 所示。

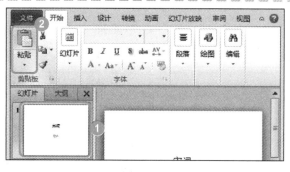

图 10-17

02 定位光标

No1 将光标定位在准备移动到的位置。

No2 在【剪贴板】组中单击【粘贴】按钮，如图 10-17 所示。

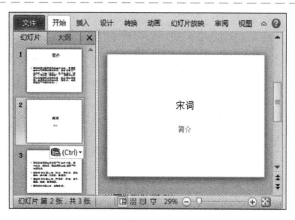

图 10-18

03 完成移动

通过上述操作即可移动幻灯片，如图 10-18 所示。

举一反三

在大纲区中选择幻灯片后移动鼠标指针至幻灯片缩略图的位置，单击并拖动鼠标左键至目标位置，然后释放鼠标左键即可移动幻灯片。

图 10-19

04 选择幻灯片

No1 在大纲区中选择准备复制的幻灯片缩略图。

No2 在【剪贴板】组中单击【复制】按钮，如图 10-19 所示。

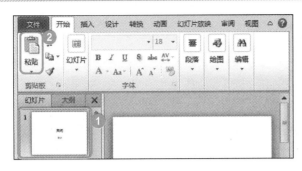

图 10-20

图 10-21

05　定位光标

No1　将光标定位在准备复制到的位置。

No2　在【剪贴板】组中单击【粘贴】按钮，如图 10-20所示。

06　完成复制

通过上述操作即可复制幻灯片，如图 10-21 所示。

举一反三

选择幻灯片后在按下【Ctrl】键的同时单击并拖动幻灯片至目标位置可以快速复制幻灯片。

10.2.4　删除幻灯片

在 PowerPoint 2010 中如果有多余或不需要的幻灯片，可以对其进行删除，用鼠标右键单击准备删除的幻灯片缩略图，在弹出的快捷菜单中选择【删除幻灯片】菜单项即可删除选中的幻灯片，如图 10-22 所示。

图 10-22

输入与设置文本

在 PowerPoint 2010 中进行演示文稿的创建后需要在演示文稿的幻灯片中输入文本，并对文本格式和段落格式等进行设置，从而达到使演示文稿风格独特、样式美观的目的。本节将介绍输入与设置文本的操作方法。

10.3.1   输入文本

在默认情况下，PowerPoint 2010 演示文稿包括标题、副标题两种虚线边框标识占位符，单击虚线边框标识占位符中的任意位置即可输入文字，下面详细介绍其操作步骤。

图 10-23

01 选择幻灯片

No1　在大纲区中选择准备输入文本的幻灯片缩略图。

No2　单击准备输入文本的占位符，如图 10-23 所示。

图 10-24

02 输入文本内容

将光标定位在占位符中，选择合适的输入法并输入文本内容，如图 10-24 所示。

图 10-25

03 完成输入

在键盘上连续按下两次【Esc】键即可完成在占位符中输入文本的操作，如图 10-25 所示。

10.3.2 更改虚线边框标识占位符

在虚线边框标识占位符中可以插入文本、图片、图表和其他对象，还可以更改虚线边框标识占位符，更改虚线边框标识占位符包括调整虚线边框标识占位符的大小和调整虚线边框标识占位符的位置，下面介绍更改虚线边框标识占位符的操作方法。

1. 调整虚线边框标识占位符的大小

单击准备调整大小的虚线边框标识占位符，此时其各边和各角出现了方形和圆形的尺寸控制点，单击控制点即可调整其大小，下面介绍调整虚线边框标识占位符大小的操作步骤。

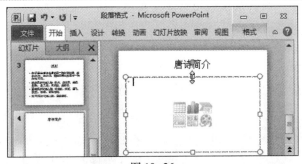

图 10-26

01 单击占位符

单击准备调整大小的占位符，此时占位符的各边和各角出现了方形和圆形的尺寸控制点，移动鼠标指针至控制点上，单击并拖动鼠标，如图 10-26 所示。

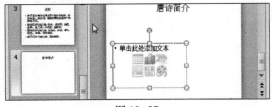

图 10-27

02 完成调整

调整虚线边框标识占位符大小的操作完成，如图 10-27 所示。

2. 调整虚线边框占位符的位置

下面详细介绍调整虚线边框标识占位符位置的操作步骤。

图 10-28

01 单击占位符

单击准备调整位置的虚线边框标识占位符，此时占位符的各边和各角出现了方形和圆形的尺寸控制点，移动鼠标指针至占位符上，此时光标变为形状，单击拖动鼠标，如图 10-28 所示。

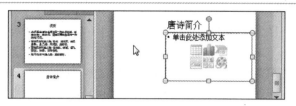

图 10-29

02 完成调整

调整虚线边框标识占位符位置的操作完成，如图 10-29 所示。

10.3.3 设置文本格式

在将文本输入到幻灯片中后可以根据幻灯片的内容设置文本格式，使文本的风格符合演示文稿的主题，下面介绍设置文本格式的操作方法。

图 10-30

01 选中文本

No1 选中准备进行格式设置的文本。

No2 在【字体】组中单击【启动器】按钮，如图 10-30 所示。

图 10-31

02 弹出对话框

No1 弹出【字体】对话框，选择【字体】选项卡。

No2 在【中文字体】下拉列表框中选择字体。

No3 分别设置字体的样式、大小和颜色，如图 10-31 所示。

图 10-32

03 选择【字符间距】选项卡

No1 选择【字符间距】选项卡。

No2 在【间距】下拉列表框中选择【加宽】选项。

No3 在【度量值】文本框中设置字符间距值。

No4 单击【确定】按钮,如图 10-32 所示。

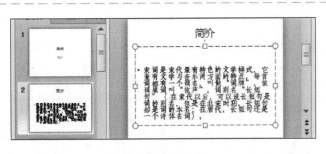

图 10-33

04 完成设置

通过上述方法即可完成设置文本格式的操作,如图 10-33 所示。

Section

10.4 美化演示文稿

本节导读

在使用 PowerPoint 2010 制作幻灯片后,为了增强幻灯片的显示效果,可以美化幻灯片。 本节将介绍美化幻灯片的操作方法,如插入剪贴画、插入图片、插入艺术字、应用幻灯片配色方案和设置图片背景。

10.4.1 改变幻灯片背景

在 PowerPoint 2010 演示文稿中可以设置幻灯片背景,下面讲解改变幻灯片背景的操作步骤。

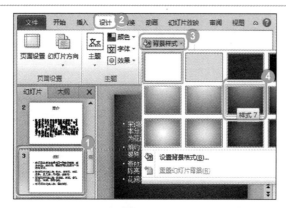

图 10-34

01 单击幻灯片

No1 单击准备改变颜色的幻灯片。

No2 选择【设计】选项卡。

No3 在【背景】组中单击【背景样式】按钮。

No4 选择样式 7，如图 10-34 所示。

图 10-35

02 完成设置

通过以上步骤即可完成对幻灯片背景的设置，如图 10-35 所示。

10.4.2 插入图片

在幻灯片中可以根据使用需要插入图片，从而达到美化幻灯片的目的。下面介绍插入图片的操作方法。

图 10-36

01 选择【插入】选项卡

No1 选择【插入】选项卡，

No2 在【图像】组中单击【图片】按钮，如图 10-36 所示。

图 10-37

02 弹出图片

No1 弹出【插入图片】对话框，选择准备插入的图片。

No2 单击【插入】按钮，如图 10-37 所示。

图 10-38

03 完成插入

通过上述方法即可完成在幻灯片中插入图片的操作，如图 10-38 所示。

Section 10.5 设置幻灯片的动画效果

本节导读

在制作完演示文稿后用户应该学会如何在幻灯片中添加动画效果，设置幻灯片动画效果包括选择动画方案和自定义动画，下面分别予以详细介绍。

10.5.1 选择动画方案

动画方案包括缩放、擦除、弹跳、旋转等，用户可以根据自己的爱好自行选择方案，下面详细介绍选择动画方案的操作步骤。

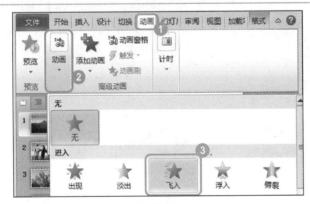

图 10-39

01 选择对象

No1 选择准备应用动画方案的对象，然后选择【动画】选项卡。

No2 单击【动画】按钮。

No3 在弹出的选项框中选择【飞入】动画，如图 10-39 所示。

图 10-40

02 完成操作

通过上述操作即可为幻灯片添加"飞入"动画效果，如图 10-40 所示。

10.5.2　自定义动画

用户可以为文本、图像或者其他对象预设自定义动画效果，以便增强演示文稿的放映效果。在 PowerPoint 2010 中自定义动画共有 203 种，其中包括进入、强调、退出、动作路径 4 类，用户可以通过自定义动画操作为对象设置进入、强调和退出动画，从而增强幻灯片的播放效果，下面详细介绍制作自定义动画的操作方法。

图 10-41

01　选中对象

No1　选中准备自定义动画的对象，然后选择【动画】选项卡。

No2　在【高级动画】组中单击【添加动画】按钮，如图 10-41 所示。

图 10-42

02　弹出【添加动画】库

弹出【添加动画】库，选择【更多进入效果】菜单项，如图 10-42 所示。

图 10-43

03　弹出对话框

No1　弹出【添加进入效果】对话框，选择准备自定义动画的类型。

No2　单击【确定】按钮，如图 10-43 所示。

图 10-44

04　完成设置

自定义动画显示在幻灯片中，此时自定义动画的操作完成，如图 10-44 所示。

Section
10.6 放映幻灯片

本节导读

在幻灯片动画设置结束后可以放映幻灯片进行展示，放映幻灯片可以有多种方式，例如从头开始放映、从当前幻灯片开始放映、自定义幻灯片放映等，本节将详细介绍放映幻灯片的方法。

10.6.1 从当前幻灯片开始放映

下面以从当前幻灯片开始放映为例详细介绍在 PowerPoint 2010 演示文稿中放映幻灯片的操作步骤。

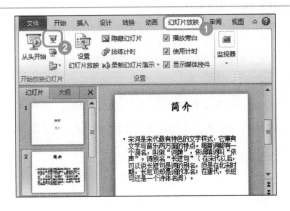

图 10-45

01 选择【幻灯片放映】选项卡

No1 选中一张幻灯片，选择【幻灯片放映】选项卡。

No2 在【开始放映幻灯片】组中单击【从当前幻灯片开始】按钮，如图 10-45 所示。

图 10-46

02 开始放映

幻灯片开始从当前页放映，如图 10-46 所示。

10.6.2 从头开始放映幻灯片

从头放映幻灯片的方法非常简单，下面详细介绍其操作方法。

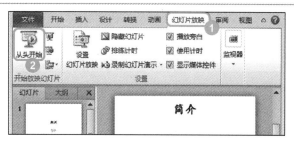

图 10-47

图 10-48

01 选择【幻灯片放映】选项卡

No1 选择【幻灯片放映】选项卡。

No2 在【开始放映幻灯片】组中单击【从头开始】按钮，如图 10-47 所示。

02 开始放映

幻灯片开始从头放映，如图 10-48 所示。

Section

10.7 **实践案例与上机操作**

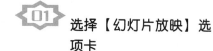

通过本章的学习，读者基本上可以掌握 PowerPoint 2010 的基本知识以及一些常见的操作方法，下面进行练习操作，以达到巩固学习、拓展提高的目的。

10.7.1 插入艺术字

在 PowerPoint 2010 中艺术字是具有装饰作用的文字，在幻灯片中插入艺术字可以美化幻灯片页面，下面介绍插入艺术字的操作方法。

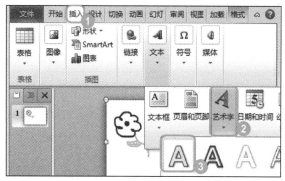

图 10-49

01 选择【插入】选项卡

No1 选择【插入】选项卡。

No2 在【文本】组中单击【艺术字】按钮。

No3 选择【填充 – 茶色，文本 2，轮廓 – 背景 2】选项，如图 10-49 所示。

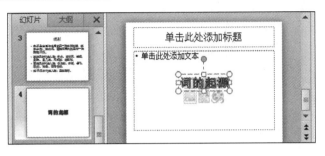

图 10-50

02 弹出文本框

弹出【请在此放置您的文字】文本框，使用键盘输入艺术字内容即可完成插入艺术字的操作，如图 10-50 所示。

10.7.2 添加幻灯片切换效果

在 PowerPoint 2010 中使用超链接可以在幻灯片与幻灯片之间切换，从而增强演示文稿的可视性，下面介绍使用超链接的操作方法。

图 10-51

01 选中幻灯片

No1 选中准备添加超链接的幻灯片。

No2 选择【插入】选项卡。

No3 在【链接】组中单击【超链接】按钮，如图 10-51 所示。

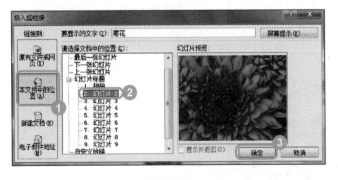

图 10-52

02 选择选项

No1 选择【本文档中的位置】选项。

No2 在【请选择文档中的位置】列表框中选择【幻灯片2】选项。

No3 单击【确定】按钮，如图 10-52 所示。

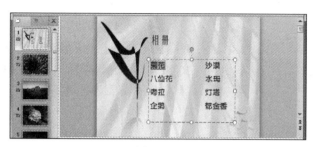

图 10-53

03 **完成超链接的插入**

通过上述操作即可使用超链接，此时在设置的对象下方显示一条横线，表示已插入超链接，如图 10-53 所示。

10.7.3 插入动作按钮

在制作幻灯片时有时候需要给幻灯片添加动作按钮，当播放幻灯片的时候需要单击动作按钮达到自己想要的效果，例如从一张幻灯片到另一张幻灯片的跳转等，从而便于幻灯片的播放。在 PowerPoint 2010 中给幻灯片添加动作按钮的方法很简单，下面介绍插入动作按钮的操作方法。

图 10-54

01 **选中幻灯片**

No1 选中准备插入动作按钮的幻灯片。

No2 选择【插入】选项卡。

No3 在【插图】组中单击【形状】按钮。

No4 在【动作按钮】区域选择【动作按钮：前进或下一项】选项，如图 10 – 54 所示。

图 10-55

02 **按住鼠标左键移动**

鼠标指针变为黑色十字形，移动鼠标指针至准备添加动作按钮的位置，单击鼠标左键，如图 10-55 所示。

图 10-56

图 10-57

图 10-58

03 弹出对话框

No1 弹出【动作设置】对话框，选择【单击鼠标】选项卡。

No2 选中【超链接到】单选按钮。

No3 在【超链接到】下拉列表框中选择【下一张幻灯片】选项。

No4 单击【确定】按钮，如图 10-56 所示。

04 选中动作按钮

No1 选中添加的动作按钮，选择【格式】选项卡。

No2 在【形状样式】组中选择准备应用的形状样式选项，如图 10-57 所示。

05 完成添加

　　通过上述操作即可在幻灯片中添加动作按钮，如图 10-58 所示。

教你一招

删除动作按钮

　　如果动作按钮不准备应用了，可以将其删除。选中准备删除的动作按钮，在键盘上按下【Delete】键即可删除动作按钮。

第11章
网上浏览

本章内容导读

本章主要介绍连接网络、建立 ADSL 宽带链接和 IE 浏览器工作界面方面的知识与技巧，同时讲解了如何输入网址打开网页和使用超链接浏览网页等，最后还针对实际的工作需求讲解了收藏网页、整理收藏夹和保存网页的方法。通过本章的学习，读者可以掌握上网浏览的基础操作方面的知识，为进一步学习电脑知识奠定了基础。

本章知识要点

☑ 连接上网的方法
☑ 认识 IE 浏览器
☑ 如何浏览网上信息
☑ 保存网上资源
☑ 收藏夹的使用
☑ 使用百度搜索引擎

11.1 连接上网的方法

本节导读

网络作为当今世界上最普及的一种计算机应用技术已经渗透到社会中的各个领域，无论是新闻、工作、生活、学习、聊天还是娱乐和游戏等方面都可以应用到网络中。本节将重点介绍网络的基础知识和连接网络方面的内容。

11.1.1 什么是互联网

互联网是因特网（Internet）的中文别称。互联网是指将两台或者两台以上的计算机通过计算机信息技术的手段互相联系起来而产生的结果。通过互联网，人们日常生活的模式正在发生改变。下面详细介绍一下互联网有哪些作用。

> 浏览各类新闻：通过互联网中各个门户网站提供的信息用户可以快速浏览各类新闻，掌握最新的新闻信息，如世界各国的时政要闻、娱乐界的最新动态及各类比赛的结果。

> 查找各种信息资料：互联网是一个信息的海洋，通过互联网的信息搜索引擎几乎可以找到任何需要的信息内容，如在著名搜索引擎百度中搜索"查看公交路线"。

> 休闲娱乐：通过互联网的休闲娱乐功能可以丰富自己的业余生活，如可以在网上收看各类电视节目、电影或者收听音乐、玩游戏等。

> 网上学习和发布信息：互联网因为不受时间、地点和环境等因素影响，使得网络教学变得更为方便、快捷，教学模式也变得更为灵活。通过在网络中发布信息不仅可以换取所需的信息，而且增加了人与人之间的交流。

> 下载各类资源：目前互联网上有许多资源提供用户下载使用，如文章、图片、视频、软件和各类素材等。

> 聊天与邮件的收发：在互联网上可以通过 QQ、MSN 等聊天软件进行视频聊天，也可以通过邮件的发送与接收实现异地信息的快速交流。

11.1.2 建立 ADSL 宽带连接

ADSL（Asymmetric Digital Subscriber Line）中文译为"非对称数字用户环路"，它是目前使用比较广泛的网络连接方式，非常适合家庭、小型公司和网吧使用。ADSL 采用频分复用技术把普通的电话线分成了电话、上行和下行 3 个相对独立的信道，从而避免了相互之间的干扰。如果准备使用 ADSL 宽带连接上网，则首先需要准备并安装相应的硬件和软件设施才能保证网络的连接。下面详细介绍在 Windows 7 操作系统中建立 ADSL 宽带连接的操作步骤。

图 11-1

01 单击【开始】按钮

No1 在 Windows 7 操作系统中单击【开始】按钮。

No2 选择【控制面板】菜单项，如图 11-1 所示。

图 11-2

02 单击【查看方式】下拉菜单

No1 在弹出的【控制面板】窗口中单击【查看方式】下拉菜单。

No2 选择【小图标】菜单项，如图 11-2 所示。

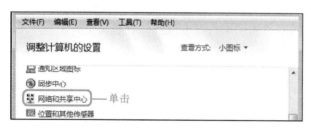

图 11-3

03 单击链接项

在新的【控制面板】窗口界面中单击【网络和共享中心】链接项，如图 11-3 所示。

图 11-4

04 单击链接项

在弹出的【网络和共享中心】窗口下的【更改网络设置】区域中单击【设置新的连接或网络】链接项，如图 11-4 所示。

图 11-5

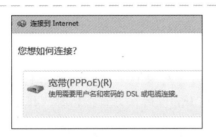

图 11-6

图 11-7

图 11-8

05　弹出对话框

No1 弹出【设置连接或网络】对话框，在【选择一个连接选项】区域中单击【连接到 Internet】链接项。

No2 单击【下一步】按钮，如图 11-5 所示。

06　弹出对话框

弹出【连接到 Internet】对话框，进入【您想如何连接】界面，单击【宽带（PPPoE）（R）】链接项，如图 11-6 所示。

07　进入工作界面

No1 进入【键入您的 Internet 服务提供商提供的信息】界面，在【用户名】文本框中输入名称。

No2 在【密码】文本框中输入密码。

No3 单击【连接】按钮，如图 11-7 所示。

08　正在连接

进入【正在连接到宽带连接】工作界面，界面中显示【正在连接】，完成上述操作即可连接上网，如图 11-8 所示。

195

Section

11.2 认识 IE 浏览器

本节导读

Internet Explorer 简称 IE 或 MSIE，它是微软公司推出的一款网页浏览器。 Internet Explorer 是目前网络中使用最广泛的网页浏览器，是 Windows 7 操作系统组成的一部分。

11.2.1 什么是 IE 浏览器

Internet Explorer 是美国微软公司推出的一款网页浏览器，原称为 Microsoft Internet Explorer（6 版本以前）和 Windows Internet Explorer（7、8、9、10、11 版本），简称 IE。在 IE7 以前，其中文直译为"网络探路者"，但在 IE7 以后官方直接俗称"IE 浏览器"，如图 11-9所示。

图 11-9

11.2.2 启动与退出 IE 浏览器

在 Windows 7 操作系统中已经自动安装了 Internet Explorer 网页浏览器，下面介绍如何启动和退出 IE 浏览器。

1. 启动 IE 浏览器

启动 IE 浏览器的方法非常简单，下面详细介绍启动 IE 浏览器的操作方法。

在 Windows 7 操作系统的桌面上单击【开始】按钮，选择【所有程序】→【Internet Explorer】菜单项，即可启动 IE 浏览器，如图 11-10 和图 11-11 所示。

图 11-10 图 11-11

2. 退出 IE 浏览器

如果不再准备使用 IE 浏览器，为了节省系统的缓存空间，应该把 IE 浏览器退出，下面讲解退出 IE 浏览器的操作方法。

在 IE 浏览器窗口中单击标题栏右侧的【关闭】按钮 ✕ 即可完成退出 IE 浏览器的操作。

11.2.3 IE 浏览器的工作界面

下面介绍一下 IE 浏览器的工作界面。IE 浏览器主要由标题栏、地址栏、搜索栏、菜单栏、工具栏、选项卡、滚动条、状态栏、网页浏览区等部分组成，如图 11-12 所示。

图 11-12

➢ 标题栏：位于 IE 浏览器窗口的最上方，左侧是 IE 图标 ，右侧是窗口的【最小化】

按钮 、【最大化】按钮 或【还原】按钮 、【关闭】按钮 。

- ➤ 搜索栏：搜索栏用于搜索知识信息，如"查询天气预报等"。
- ➤ 地址栏：地址栏的用途是输入网址或显示当前网页的网址。
- ➤ 菜单栏：菜单栏由文件、编辑、查看、收藏夹、工具、帮助6个菜单组成，使用这些菜单功能可以对浏览器进行设置。
- ➤ 工具栏：工具栏显示用户经常使用的一些常用工具按钮。
- ➤ 选项卡：每浏览一个网页都会在IE浏览器的菜单栏下方出现一个提示网页名称的选项卡，单击【选项卡】右侧的【关闭】按钮即可关闭选项卡。
- ➤ 滚动条：滚动条包括垂直滚动条和水平滚动条，使用鼠标单击并拖动垂直或水平滚动条可以浏览全部的网页。
- ➤ 网页浏览区：网页浏览区是IE浏览器工作界面中最大的显示区域，用于显示当前网页内容。
- ➤ 状态栏：位于IE浏览器的最下方，用于显示浏览器当前操作的状态信息。
- ➤ 简单舒适的上网：稳定的软件架构，创新的交互设计。

Section 11.3　如何浏览网上信息

本节导读

启动IE浏览器后，用户使用IE浏览器即可浏览互联网中的网页内容，从而查看到准备使用的信息。本节将介绍浏览网上信息的方法，如打开网页、使用超链接浏览网页等的方法。

11.3.1　输入网址打开网页

通过IE浏览器的地址栏输入网址是打开网页浏览网络信息最常用的方法，其操作方法如下。

图 11-13

01 输入网址

No1 启动IE浏览器，在地址栏中输入网址。

No2 单击【转至】按钮 ，如图 11-13 所示。

举一反三

输入网址后直接按下【Enter】键也可以打开网页。

图 11-14

02 打开网页

通过上述操作即可打开网页，在 IE 浏览器中可以浏览到网页内容，如图 11-14 所示。

11.3.2　使用超链接打开网页

超链接是一种对象，它以特殊编码的文本或图形的形式来实现链接。如果单击该链接，则相当于指示浏览器移至同一网页内的某个位置或打开一个新的网页。如果将鼠标指针移至超链接上，鼠标指针就会变成🖑的形状，单击超链接后链接目标将显示在浏览器上。下面介绍使用超链接浏览网页的操作方法。

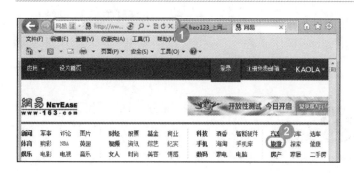

图 11-15

01 打开网页

No1　打开准备浏览的网页。

No2　单击准备浏览的网页超链接，例如【旅游】超链接，如图 11-15 所示。

图 11-16

02 完成使用超链接打开网页的操作

打开【网易旅游】窗口，用户在该窗口中即可浏览到网页内容，从而完成使用超链接浏览网页的操作，如图 11-16 所示。

Section
11.4 保存网上资源

　　在使用 IE 浏览器打开网页后有时需要保存网页以备再次浏览同一网页，这样可以节省浏览网页的时间，还可以提高工作效率。 本节将详细介绍保存网页以及保存网页上的文本、图片等的操作方法。

11.4.1　保存网页

　　在互联网中浏览网页时，如果查看的网页非常有用，可以将其保存到电脑中以备日后查看，下面介绍保存网页的操作方法。

图 11-17

01 选择【文件】菜单

No1　启动 IE 浏览器，打开网页，在菜单栏中选择【文件】菜单。

No2　在弹出的下拉菜单中选择【另存为】菜单项，如图 11-17 所示。

图 11-18

02 弹出对话框

No1　弹出【保存网页】对话框，设置保存位置。

No2　在【文件名】文本框中输入文件名。

No3　在【保存类型】下拉列表框中选择【Web 档案，单个文件】选项。

No4　单击【保存】按钮，如图 11-18 所示。

图 11-19

03 查看网页

打开保存网页的文件夹，可以查看到保存在该文件夹中的网页，如图 11-19 所示。

 教你一招

使用按钮保存网页

使用 IE 浏览器打开想要浏览的网页后，单击工具栏中的【页面】按钮 [页面(P)▼]，在弹出的下拉菜单中选择【另存为】菜单项，也可以弹出【保存网页】对话框进行保存网页的操作；或者按下键盘上的【Ctrl】+【S】组合键，也可以快速弹出【保存网页】对话框。

11.4.2　保存网页上的文本

保存网页上文本的方法很简单，下面详细介绍保存网页上文本的操作步骤。

图 11-20

01 选择【文件】菜单

No1 打开准备保存文本的网页窗口，选择菜单栏中的【文件】菜单。

No2 在弹出的下拉菜单中选择【另存为】菜单项，如图 11-20 所示。

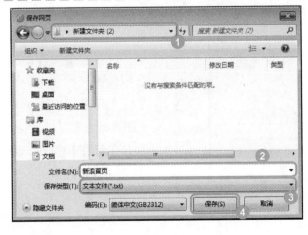

图 11-21

02 弹出对话框

No1 弹出【保存网页】对话框，选择准备保存文本的目标位置。

No2 在【文件名】文本框中输入文件名。

No3 在【保存类型】下拉列表框中选择保存文本的类型为"文本文件（*.txt)"。

No4 单击【保存】按钮，如图 11-21 所示。

图 11-22

03 查看文本

打开保存文本的文件夹，可以查看到保存在该文件夹中的文本，如图 11-22 所示。

11.4.3 保存网页上的图片

在浏览网页时，如果用户看到喜欢的图片，可以将其保存到计算机的磁盘中，方便以后浏览，下面详细介绍保存图片的操作步骤。

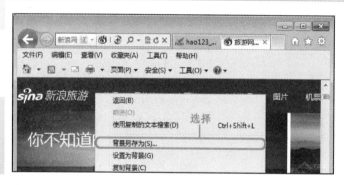

图 11-23

01 选择【背景另存为】菜单项

打开准备保存图片的网页，右键单击准备保存的图片，在弹出的快捷菜单中选择【背景另存为】菜单项，如图 11-23 所示。

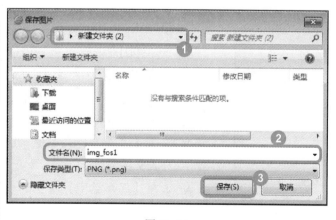

图 11-24

02 弹出对话框

No1 弹出【保存图片】对话框，选择准备保存图片的目标位置。

No2 在【文件名】文本框中输入图片的名称。

No3 单击【保存】按钮，如图 11-24 所示。

图 11-25

03 查看图片

打开保存图片的文件夹，可以查看到保存在该文件夹中的图片，如图 11-25 所示。

11.5 收藏夹的使用

在浏览网页信息时，如果用户看到对自己有用的信息可以通过 IE 浏览器的收藏夹将其网页进行收藏，这样可以方便以后浏览。下面介绍使用收藏夹的操作方法。

11.5.1 将喜欢的网页添加至收藏夹

在互联网中浏览网页内容时，如果用户经常使用某些网页，可以将经常浏览的网页收藏到 IE 浏览器的收藏夹中，从而便于下次查看，下面详细介绍收藏网页的操作步骤。

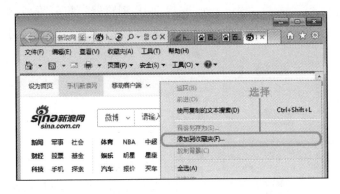

图 11-26

01 选择【添加到收藏夹】菜单项

使用 IE 浏览器打开准备添加到收藏夹的网页，右键单击窗口空白处，在弹出的菜单中选择【添加到收藏夹】菜单项，如图 11-26所示。

图 11-27

02 弹出对话框

No1 弹出【添加收藏】对话框，在【名称】文本框中输入准备添加收藏网页的名称。

No2 单击【添加】按钮，如图 11-27 所示。

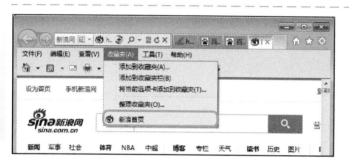

图 11-28

03 查看网页

此时在 IE 浏览器窗口中菜单栏下的【收藏夹】菜单中可以查看已收藏的网页，如图 11-28 所示。

11.5.2 打开收藏夹中的网页

在将网页添加到收藏夹中以后就可以快速地在需要的时候打开网页，下面详细介绍打开收藏夹中网页的操作方法。

图 11-29

01 选择【收藏夹】菜单

启动 IE 浏览器，打开导航网页，在菜单栏中选择【收藏夹】菜单，如图 11-29 所示。

图 11-30

02 打开网页

IE 浏览器窗口跳转到收藏的网页，如图 11-30 所示。

11.5.3　删除收藏夹中的网页

在 IE 浏览器中对于收藏夹中不经常使用的内容可以将其删除，下面介绍删除收藏夹中内容的操作方法。

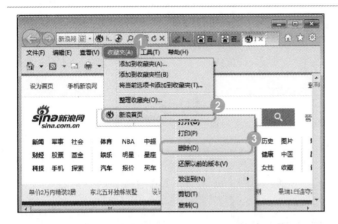

图 11-31

01　选择菜单项

No1　在 IE 浏览器中选择【收藏夹】菜单。

No2　右键单击准备删除的内容。

No3　在弹出的快捷菜单中选择【删除】菜单项，如图 11-31 所示。

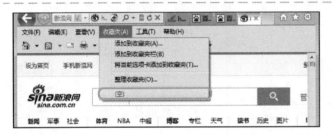

图 11-32

02　查看收藏夹

选择【收藏夹】菜单可以查看到【新浪首页】选项已经被删除，如图 11-32 所示。

Section 11.6　使用百度搜索引擎

本节导读

目前互联网中有很多网站都提供了搜索引擎（search engine）供用户免费使用，搜索引擎是以一定的运算模式将互联网中的信息进行处理，然后把信息显示给用户的搜索信息。本节将以"百度"搜索引擎为例详细介绍搜索引擎的使用方法。

11.6.1　在网上搜索资料信息

百度搜索引擎将各种资料信息进行整合处理，当用户需要哪方面的资料时在百度搜索引擎中输入资料的主要信息即可找到需要的资料，下面详细介绍搜索资料信息的操作方法。

图 11-33

01 单击【百度】链接

打开 IE 浏览器，在导航页中单击【百度】链接，如图 11-33 所示。

图 11-34

02 输入信息

No1 在百度网页窗口的，【搜索】文本框中输入准备搜索的信息内容。

No2 单击【百度一下】按钮，如图 11-34 所示。

图 11-35

03 单击超链接

在弹出的网页窗口中显示了百度所检索出的信息，单击【优酷】超链接，如图 11-35 所示。

图 11-36

04 完成搜索

完成以上步骤即可搜索网络信息，此时会弹出搜索结果的网页，如图 11-36 所示。

11.6.2 搜索图片

百度图片搜索引擎是世界上最大的中文图片搜索引擎，百度从 8 亿中文网页中提取各类图片建立了世界第一的中文图片库。截止到 2004 年底，百度图片搜索引擎可检索图片已超过 7 千万张。百度新闻图片搜索从中文新闻网页中实时提取新闻图片，它具有新闻性、实时性、更新快等特点。下面详细介绍使用百度图片搜索引擎搜索图片的操作方法。

图 11-37

01 单击【百度】链接

打开 IE 浏览器，在导航页中单击【百度】链接，如图 11-37 所示。

图 11-38

02 弹出百度网页窗口

No1 弹出百度网页窗口，将鼠标指针移至窗口右侧的【更多产品】按钮上。

No2 在弹出的下拉菜单中单击【图片】按钮，如图 11-38 所示。

图 11-39

03 搜索图片

进入百度图片网页窗口，在【搜索】文本框中输入信息即可搜索图片，如图 11-39 所示。

11.6.3　搜索百度百科知识

百度百科是百度公司推出的一个内容开放、自由的网络百科全书平台，截至 2014 年 11 月收录词条数量已达 1000 万个。

百度百科旨在创造一个涵盖各领域知识的中文信息收集平台，百度百科强调用户的参与和奉献精神，充分调动互联网用户的力量，汇聚上亿用户的头脑智慧，积极进行交流和分享。同时，百度百科实现与百度搜索、百度知道的结合，从不同层次上满足用户对信息的需求。下面详细介绍使用百度百科搜索知识的操作方法。

图 11-40

01 单击【百度】链接

打开 IE 浏览器，在导航页中单击【百度】链接，如图 11-40 所示。

图 11-41

02 弹出百度网页窗口

No1 弹出百度网页窗口，将鼠标指针移至窗口右侧的【更多产品】按钮上。

No2 在弹出的下拉菜单中单击【全部产品】按钮，如图 11-41所示。

图 11-42

03 单击【百科】超链接

进入百度所有产品网页窗口，在【社区服务】区域中单击【百科】超链接，如图 11-42 所示。

图 11-43

04 输入信息

进入百度百科网页，在文本框中输入信息，然后单击【进入词条】按钮即可完成使用百度百科搜索信息的操作，如图 11-43 所示。

11.6.4　查找地图

在百度地图里，用户可以查询街道、商场、楼盘的地理位置，也可以找到离自己最近的所有餐馆、学校、银行、公园等。

图 11-44

01 单击【百度】链接

打开 IE 浏览器，在导航页中单击【百度】链接，如图 11-44 所示。

图 11-45

02 弹出百度网页窗口

No1 弹出百度网页窗口，将鼠标指针移至窗口右侧的【更多产品】按钮上。

No2 在弹出的下拉菜单中单击【全部产品】按钮，如图 11-45 所示。

图 11-46

03 单击超链接

进入百度所有产品网页窗口，在【搜索服务】区域中单击【地图】超链接，如图 11-46 所示。

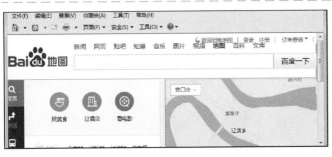

图 11-47

04 进行搜索

进入百度地图，在文本框中输入地理位置名称，然后单击【百度一下】按钮即可完成操作，如图 11-47 所示。

11.6.5　使用搜索引擎翻译

百度翻译是一项免费的在线翻译服务，提供高质量的中文、英语、日语、韩语、西班牙语、泰语、法语等语种翻译服务，下面介绍使用搜索引擎翻译的操作方法。

图 11-48

01　单击【百度】链接

打开 IE 浏览器，在导航页中单击【百度】链接，如图 11-48 所示。

图 11-49

02　弹出百度网页窗口

No1　弹出百度网页窗口，将鼠标指针移至窗口右侧的【更多产品】按钮上。

No2　在弹出的下拉菜单中单击【全部产品】按钮，如图 11-49 所示。

图 11-50

03　单击超链接

进入百度所有产品网页窗口，在【搜索服务】区域中单击【百度翻译】超链接，如图 11-50 所示。

图 11-51

04　进行搜索

进入百度翻译，在左侧文本框中输入准备翻译的内容，在右侧文本框中显示翻译，如图 11-51 所示。

11.6.6 查询手机号码归属地

使用百度搜索引擎还可以查询手机号码归属地，查询归属地的方法非常简单，下面详细介绍使用百度搜索引擎查询手机号码归属地的操作方法。

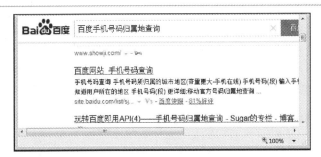

图 11-52

01 打开百度网页

打开百度网页，在文本框中输入"百度手机号码归属地查询"，在显示的链接中单击【百度网站 手机号码查询】链接，如图 11-52 所示。

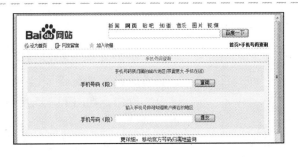

图 11-53

02 查询号码

打开手机号码查询网页，在文本框中输入手机号码即可查询归属地，如图 11-53 所示。

Section 11.7

实践案例与上机操作

本节导读

通过本章内容的学习，读者掌握了使用 ADSL 宽带连接上网的方法，并对使用 IE 浏览器上网的知识有所了解，下面通过几个实践案例进行上机操作，以达到巩固学习、拓展提高的目的。

11.7.1 设置浏览器安全级别

在使用 IE 浏览器时可以为该浏览器设置安全级别，从而保证自己电脑的使用安全，下面介绍设置浏览器安全级别的操作方法。

新手学电脑完全自学手册（Windows 7+Office 2010版）

图 11-54

图 11-55

01 单击【工具】按钮

No1 启动 IE 浏览器，单击【工具】按钮。

No2 在弹出的下拉菜单中选择【Internet 选项】菜单项，如图 11-54 所示。

02 弹出对话框

No1 弹出【Internet 选项】对话框，选择【安全】选项卡。

No2 在【该区域的安全级别】区域中设置浏览器的安全级别。

No3 单击【确定】按钮即可完成设置浏览器安全级别的操作，如图 11-55 所示。

11.7.2 百度网的高级搜索功能

为了能够更精确地搜索到所要的资源，百度网站还提供了高级搜索功能，下面详细介绍使用百度网高级搜索功能的方法。

图 11-56

01 单击【百度】链接

打开 IE 浏览器，在导航页中单击【百度】链接，如图 11-56 所示。

212

图 11-57

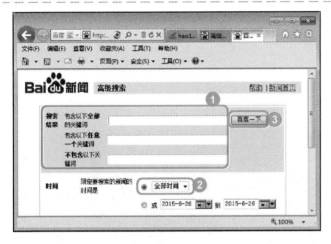

图 11-58

输入内容

No1 在搜索文本框中输入"百度高级搜索"。

No2 单击【百度一下】按钮，如图 11-57 所示。

---

03 进入搜索网页

No1 进入高级搜索网页，在【搜索结果】区域的 3 个文本框中都输入所要查询的关键字。

No2 在【时间】下拉列表框中选择【全部时间】单选按钮。

No3 单击【百度一下】按钮即可进行搜索，如图 11-58 所示。

11.7.3 输入网址打开网页

每一个网页都有固定的 URL 地址，在 IE 浏览器的地址栏中输入网页地址即可打开网页，下面介绍打开网页的操作方法。

图 11-59

01 打开 IE 浏览器

No1 启动 IE 浏览器，在地址栏中输入网址。

No2 单击【转至】按钮，如图 11-59 所示。

 举一反三

输入网址后直接按下【Enter】键也可打开网页。

图 11-60

02 打开网页

在 IE 浏览器中可以浏览到网页内容，通过上述操作即可打开网页，如图 11-60 所示。

第12章
网上聊天与通信

本章内容导读

　　本章主要介绍使用 QQ 上网聊天和收发电子邮件等方面的知识与技巧，同时还讲解了如何使用 QQ 与好友进行文字和视频聊天、使用电子邮箱给好友发送邮件的方法。通过本章的学习，读者可以掌握网上聊天与通信基础方面的知识，为进一步学习电脑知识奠定了基础。

本章知识要点

- ☑ 安装麦克风与摄像头
- ☑ 使用 **QQ** 网上聊天前的准备
- ☑ 使用 **QQ** 与好友聊天
- ☑ 收发电子邮件
- ☑ 实践案例与上机操作

Section

12.1 安装麦克风与摄像头

在网络上使用聊天软件除了可以进行文字聊天以外，还可以进行语音、视频聊天，在进行语音、视频聊天前需要安装麦克风和摄像头，本节将详细介绍安装麦克风和摄像头的知识及方法。

12.1.1 语音、视频聊天硬件设备

通过聊天软件进行语音、视频聊天需要使用一定的语音、视频设备，使用语音设备可以听到双方的声音，使用视频设备可以看到双方的影像，下面介绍语音视频聊天室使用的相关设备，用户可以根据自己的需要选择安装。

1. 麦克风

麦克风也称传声器和话筒等，是声音的输入设备，通过麦克风可以将声音传输给对方，图 12-1、图 12-2 和图 12-3 所示为常见的几种麦克风。

图 12-1　　　　图 12-2　　　　图 12-3

2. 耳麦

耳麦是耳机和麦克风的结合体，通常情况下耳麦是单声道的，但是耳麦不仅具有耳机的功能还集合了麦克风的功能，既可以进行声音的输入又可以进行声音的输出，图 12-4、图 12-5 和图 12-6 所示为常见的几种耳麦。

图 12-4　　　　图 12-5　　　　图 12-6

3. 摄像头

摄像头又称电脑相机和电脑眼等，是视频影像输入设备，通过摄像头任何人都可以在网上轻松地进行视频聊天，图 12-7、图 12-8 和图 12-9 所示为常见的几种摄像头。

图 12-7　　　　　　　　图 12-8　　　　　　　　图 12-9

12.1.2　安装及调试麦克风

麦克风作为声音的输入设备是进行语音聊天时必不可少的硬件设备，用户通过麦克风可以将自己的声音传输给对方，从而达到语音聊天的目的，下面详细介绍安装及调试麦克风的方法。

图 12-10

01　将麦克风与电脑连接

将麦克风的插头插入主机箱上的语音输入接口，如图 12-10 所示。

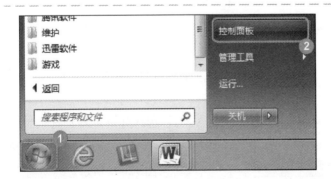

图 12-11

02　选择菜单项

No1　单击 Windows 7 操作界面右下角的【开始】按钮。

No2　在弹出的【开始】菜单中选择【控制面板】菜单项，如图 12-11 所示。

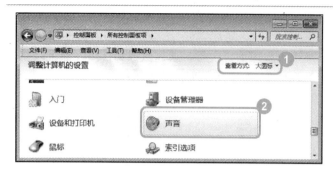

图 12-12

03 打开窗口

No1 打开【控制面板】窗口，在【查看方式】下拉列表中，选择【大图标】选项。

No2 单击【声音】链接，如图 12-12所示。

图 12-13

04 弹出对话框

No1 弹出【声音】对话框，选择【录制】选项卡。

No2 选择【麦克风】选项。

No3 单击【属性】按钮，如图 12-13所示。

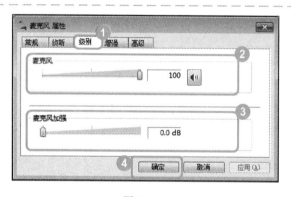

图 12-14

05 弹出对话框

No1 弹出【麦克风 属性】对话框，选择【级别】选项卡。

No2 设置麦克风的音量。

No3 调节【麦克风加强】音量到适合的大小。

No4 单击【确定】按钮，如图 12-14所示。

图 12-15

06 设置扬声器属性

No1 返回到【声音】对话框，选择【播放】选项卡。

No2 选择【扬声器】选项。

No3 单击【属性】按钮，如图 12-15所示。

图 12-16

07 完成安装及调试麦克风的操作

No1 弹出【扬声器 属性】对话框，选择【级别】选项卡。

No2 当麦克风在机箱后面时调节【Front Pink In】音量就能控制自己听到的麦克风声音大小。

No3 单击【确定】按钮，通过以上步骤即可完成安装及调试麦克风的操作，如图 12-16所示。

 教你一招

快速打开【扬声器 属性】对话框

在打开的【声音】对话框中用户可以直接双击【扬声器】选项快速打开【扬声器 属性】对话框。

12.1.3 安装摄像头

摄像头是一种数字视频输入设备，是电脑的一个辅助硬件设备，用户可以用它进行拍照，与好友进行视频聊天。

安装摄像头的方法非常简单，现在的摄像头一般都是免驱动的，用户只需取出摄像头，然后将摄像头的 USB 插口插到电脑中的 USB 接口即可，如图 12-17 所示。如果长期使用，建议插在后面板上面。

图 12-17

Section

12.2 使用 QQ 网上聊天前的准备

本节导读

QQ 软件是腾讯公司推出的一款即时通信软件，用户使用它可以与亲朋好友进行网络聊天。本节将介绍使用腾讯 QQ 上网聊天方面的知识，包括如何申请 QQ 号码、登录 QQ、查找与添加好友、与好友进行文字聊天和给好友发送文件等方面的知识。

12.2.1 下载与安装 QQ 软件

在使用 QQ 进行通信前首先应下载并安装 QQ 软件，下面分别详细介绍下载与安装 QQ 软件的操作方法。

1. 下载 QQ 软件

目前，许多网站提供了 QQ 软件的下载服务，QQ 官方网站的 QQ 版本比较齐全，下面将介绍通过 QQ 官方网站下载 QQ 软件的操作方法。

图 12-18

01 进入 QQ 官方网站并下载

No 1 启动 IE 浏览器，输入网址"http://im. qq. com/download"打开官网下载页面。

No 2 在该页面中单击【QQ PC 版】中的【下载】按钮，如图 12-18 所示。

图 12-19

02 弹出对话框

No 1 在浏览器下方会弹出一个对话框，单击【保存】下拉按钮。

No 2 在弹出的下拉列表框中选择【另存为】选项，如图 12-19 所示。

图 12-20

图 12-21

图 12-22

03 弹出对话框

No1 弹出【另存为】对话框，选择准备保存的位置。

No2 在【文件名】文本框中输入准备应用的名称。

No3 单击【保存】按钮，如图 12-20 所示。

04 正在下载 QQ 并显示其进度

返回到 IE 浏览器界面，在浏览器下方会弹出一个对话框，提示用户正在下载 QQ 软件，并显示其进度，如图 12-21 所示。

05 完成下载

在线等待一段时间后，对话框中会显示"下载已完成"信息，这样即可完成下载 QQ 软件的操作，如图 12-22 所示。

2. 安装 QQ 软件

下载完 QQ 软件就可以安装了，下面介绍安装 QQ 软件的操作方法。

图 12-23

01 双击 QQ 图标

找到 QQ 软件安装程序，双击程序图标，如图 12-23 所示。

图 12-24

02 弹出【打开文件 – 安全警告】对话框

系统会弹出【打开文件 – 安全警告】对话框，单击【运行】按钮，如图 12-24 所示。

图 12-25

03 单击【自定义选项】下拉按钮

No1 系统会弹出一个安装 QQ 程序的对话框，选择【阅读并同意】复选框。

No2 单击【自定义选项】下拉按钮，如图 12-25 所示。

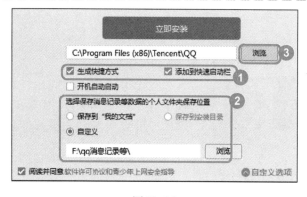

图 12-26

04 单击【浏览】按钮

No1 在对话框下方会展开一些设置选项，取消选择一些不需要的复选框。

No2 设置保存消息记录等数据的位置。

No3 单击【立即安装】按钮下方的【浏览】按钮，如图 12-26所示。

图 12-27

05 选择安装位置

No1 弹出【浏览文件夹】对话框，选择准备安装的目标位置。

No2 单击【确定】按钮，如图 12-27所示。

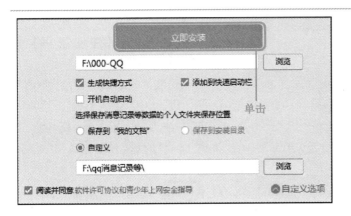

图 12-28

06 返回到安装程序界面

返回到 QQ 安装程序界面，可以看到刚刚设置的安装的目标位置已经显示在文本框中，单击【立即安装】按钮，如图 12-28 所示。

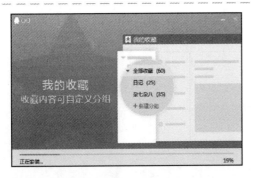

图 12-29

07 进入正在安装界面

系统会进入正在安装界面，此时为正在安装 QQ 程序，用户需要等待一段时间，并会显示安装进度等信息，如图 12-29 所示。

图 12-30

08 单击【完成安装】按钮

等待一段时间后系统会进入下一界面，取消选择一些不需要进行安装的复选框，然后单击【完成安装】按钮即可完成安装 QQ 软件的操作，如图 12-30 所示。

12.2.2　申请 QQ 号码

在使用 QQ 软件进行网上聊天前需要申请个人 QQ 号码，用户通过这个号码可以拥有个人在网络上的身份，从而使用 QQ 聊天软件与好友进行网上聊天，下面具体介绍申请 QQ 号码的操作方法。

图 12-31

01 单击【注册账号】超链接

安装好 QQ 程序后启动该程序，进入 QQ 登入界面，然后单击【注册账号】超链接，如图 12-31所示。

图 12-32

02 填写注册信息

系统会自动启动浏览器，并打开【QQ 注册】页面，在【注册账号】区域下方分别填写昵称、密码、手机号码、性别和生日等注册信息，如图 12-32 所示。

图 12-33

03 填写验证码信息

No1 填写验证码信息。

No2 将下面的两个复选框全部选中。

No3 单击【立即注册】按钮，如图 12-33 所示。

图 12-34

04 输入手机号码

No1 进入下一界面，在【手机号码】文本框中输入用于短信验证的手机号。

No2 单击【下一步】按钮，如图 12-34 所示。

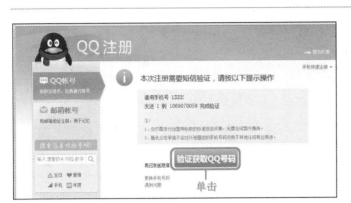

图 12-35

05 单击【验证获取 QQ 号码】按钮

进入下一界面，用户需要根据页面中的提示使用刚刚输入的手机号发送短信完成验证，在完成发送短信后单击【验证获取 QQ 号码】按钮，如图 12-35 所示。

图 12-36

06 申请成功

进入下一界面，提示用户申请成功，并显示申请的 QQ 号码，这样即可完成申请 QQ 号码的操作，如图 12-36 所示。

12.2.3 设置密码安全

如果新申请的 QQ 不设置密码保护，一旦 QQ 密码丢失，将其找回将会比较困难。下面详细介绍与设置密码安全相关的操作方法。

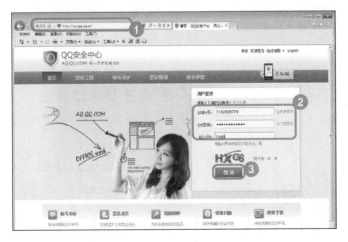

图 12-37

01 进入 QQ 安全中心

No1 在浏览器中输入网址 "http://aq.qq.com"，进入 QQ 安全中心。

No2 在文本框中输入准备申请密保的 QQ 号码和密码以及验证码。

No3 单击【登录】按钮，如图 12-37 所示。

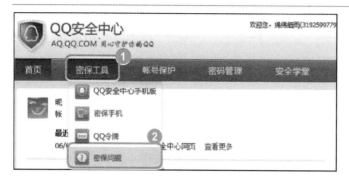

图 12-38

02 选择【密保工具】选项卡

No1 进入下一界面，选择【密保工具】选项卡。

No2 在弹出的下拉列表框中选择【密保问题】选项，如图 12-38 所示。

图 12-39

03 单击【立即设置】按钮

进入下一界面，单击【立即设置】按钮，如图 12-39 所示。

图 12-40

04 弹出【设置密保问题】对话框

弹出【设置密保问题】对话框，单击【获取验证码】按钮，系统会将验证码发送到密保手机中，如图 12-40 所示。

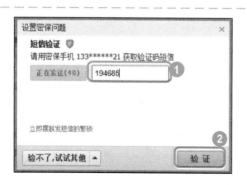

图 12-41

05 单击【验证】按钮

No1 将系统发送给手机的验证码填写到文本框中。

No2 单击【验证】按钮，如图 12-41 所示。

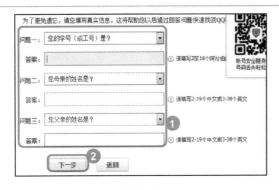

图 12-42

图 12-43

图 12-44

图 12-45

06 单击【下一步】按钮

No1 进入到【填写密保问题】界面，分别填写 3 个密码保护问题和答案。

No2 单击【下一步】按钮，如图 12-42 所示。

07 单击【下一步】按钮

No1 进入到【验证密保问题】界面，用户需要再次填写刚刚设置的 3 个密码保护问题和答案。

No2 单击【下一步】按钮，如图 12-43 所示。

08 进入【开通提醒服务】界面

进入到【开通提醒服务】界面，提示用户可以开通一种安全提醒服务，如不需要开通，可以单击【暂不开通】按钮，如图 12-44 所示。

09 完成密保设置

进入到下一界面，提示用户密保问题已成功设置，这样即可完成设置密码安全的操作，如图 12-45所示。

12. 2. 4	登录 QQ

完成申请并获得 QQ 账号后，使用此账号即可登录 QQ 聊天软件，下面将详细介绍登录 QQ 的操作方法。

图 12-46

 双击【腾讯 QQ】快捷方式图标

在电脑桌面上找到 QQ 聊天软件的安装位置，双击【腾讯 QQ】快捷方式图标，如图 12-46 所示。

图 12-47

02 **弹出对话框**

No1 弹出【QQ 登录】对话框，在【账号】文本框中输入 QQ 号码。

No2 在【密码】文本框中输入 QQ 密码。

No3 单击【登录】按钮，如图 12-47 所示。

图 12-48

 完成登录

登录成功后系统会进入到 QQ 程序的主界面，这样即可完成登录 QQ 的操作，如图 12-48 所示。

举一反三

在【QQ 登录】对话框中，用户可以选择【记住密码】复选框或者【自动登录】复选框，这样即可方便下次登录 QQ。

12.2.5　查找与添加好友

通过 QQ 聊天软件可以与远在千里的亲友或网友进行聊天，但在进行聊天前需要添加 QQ 好友。添加 QQ 好友的方式有两种，分别是精确查找和按条件查找，下面将分别予以详细介绍。

1. 精确查找——添加熟人为 QQ 好友

精确查找是通过输入亲友的 QQ 号码或昵称添加该亲友为 QQ 好友，使用这种添加亲友为 QQ 好友的方法必须知道亲友的 QQ 号码或亲友的 QQ 昵称才可以，下面介绍使用精确查找添加熟人为 QQ 好友的方法。

图 12-49

01　单击【查找】按钮

进入到 QQ 程序的主界面，单击下方的【查找】按钮，如图 12-49 所示。

图 12-50

02　弹出【查找】对话框

No1　系统会弹出【查找】对话框，在文本框中输入准备添加的好友的 QQ 号码。

No2　单击【查找】按钮，如图 12-50 所示。

图 12-51

03　单击【＋好友】按钮

系统会自动搜索出该 QQ 号码的使用者，单击头像右下角的【＋好友】按钮，如图 12-51 所示。

图 12-52

04 弹出对话框

No1 弹出【添加好友】对话框，在【请输入验证信息】文本框中输入请求添加的验证信息。

No2 单击【下一步】按钮，如图 12-52 所示。

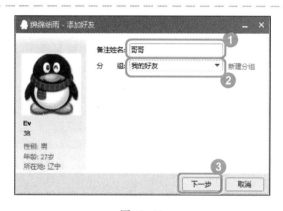

图 12-53

05 选择分组

No1 在【备注姓名】文本框中输入准备使用的备注名称。

No2 在【分组】下拉列表框中选择准备添加到的分组。

No3 单击【下一步】按钮，如图 12-53 所示。

图 12-54

06 单击【完成】按钮

此时系统会提示"您的好友添加请求已经发送成功，正在等待对方确认"信息，单击【完成】按钮，如图 12-54 所示。

图 12-55

07 单击闪动的 QQ 图标

等待对方通过验证后在系统的通知区域中会闪动出一个 QQ 图标，单击该图标，如图 12-55所示。

图 12-56

08 完成通过精确查找添加好友的操作

系统会自动打开和刚刚添加的好友的聊天窗口,在该聊天窗口中会显示"我们已经是好友了,现在开始对话吧"信息,这样即可完成通过精确查找添加 QQ 好友的操作,如图 12-56 所示。

2. 按条件查找——添加陌生人为 QQ 好友

按条件查找是通过选择好友的一些资料(如国家、省份、城市、年龄、性别等信息)查找符合条件的好友进行添加,下面将详细介绍其操作方法。

图 12-57

01 设置准备进行条件查找的条件

No1 使用上面介绍的方法打开【查找】对话框,分别设置准备进行条件查找的条件,如所在地、故乡、性别、年龄等。

No2 单击【查找】按钮,如图 12-57 所示。

图 12-58

02 添加 QQ 好友

系统会自动搜索出符合设置条件的 QQ 用户,单击准备进行添加的 QQ 用户头像下方的【+好友】按钮,如图 12-58 所示。

图 12-59

03 输入请求添加的验证信息

No1 弹出【添加好友】对话框，在【请输入验证信息】文本框中输入请求添加的验证信息。

No2 单击【下一步】按钮，如图 12-59 所示。

图 12-60

04 设置备注和分组

No1 在【备注姓名】文本框中输入准备使用的备注名称。

No2 在【分组】下拉列表框中选择准备添加到的分组。

No3 单击【下一步】按钮，如图 12-60 所示。

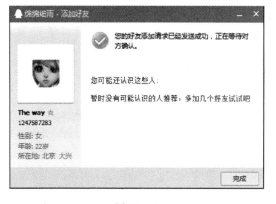

图 12-61

05 完成添加陌生人为 QQ 好友的操作

此时系统会提示"您的好友添加请求已经发送成功，正在等待对方确认"信息，单击【完成】按钮，待对方通过验证即可完成添加该 QQ 用户为好友了，如图 12-61 所示。

知识精讲

　　右键单击系统桌面任务栏上的 QQ 图标，在弹出的快捷菜单中可以改变个人账号的状态，包括【我在线上】【Q我吧】【离开】【忙碌】【请勿打扰】【隐身】和【离线】7 种状态，用户可以根据自己的需要选择状态。

12.3 使用 QQ 与好友聊天

本节导读

在进行完前期的安装 QQ 软件、申请 QQ 账号和登录 QQ 等准备工作后，即可使用 QQ 与好友畅快地进行网上聊天，本节将详细介绍使用 QQ 与好友进行聊天的操作。

12.3.1 与好友进行文字聊天

使用 QQ 聊天的常用方式是文字聊天，下面介绍与好友进行文字聊天的方法。

图 12-62

01 双击准备聊天的好友头像

打开 QQ 程序主界面，双击准备进行聊天的 QQ 好友头像，如图 12-62 所示。

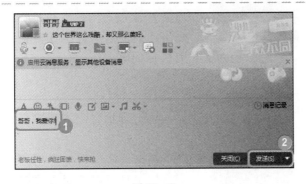

图 12-63

02 输入文字信息

No1 打开与该好友的聊天窗口，在【发送信息】文本框中输入文本信息。

No2 单击【发送】按钮，如图 12-63 所示。

图 12-64

03 完成与好友进行文字聊天的操作

通过以上步骤即可完成与好友进行文字聊天的操作，如图 12-64 所示。

12.3.2 与好友进行语音、视频聊天

用户除了可以使用文字在 QQ 上进行交流外，还可以通过语音聊天或视频聊天进行网络上的交流。宽带网络的发展改变了传统网络通信的质量和形式，使交流不再只是局限于普通语言文字，利用视频让天各一方的朋友能够彼此相见。视频聊天通信的存在大大减少了国内外联系的成本，并提高了效率。下面介绍使用 QQ 进行语音聊天和视频聊天的操作方法。

1. 与好友进行语音聊天

与好友进行语音聊天可以像打电话一样双方进行有声的聊天交流，在进行语音聊天前需要向聊天对象发出聊天请求，待对方接受聊天请求后即可开始语音聊天，下面介绍与好友进行语音聊天的操作方法。

图 12-65

01 单击【开始语音通话】按钮

打开与该好友聊天的窗口，单击【开始语音通话】按钮，如图 12-65 所示。

举一反三

用户也可以单击【开始语音通话】按钮右侧的下拉按钮，在弹出的列表框中选择【开始语音通话】选项。

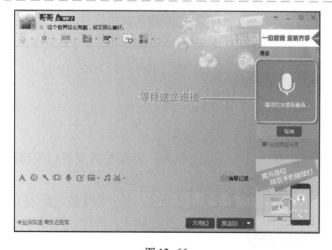

图 12-66

02 显示等待对方接受邀请状态

在聊天窗口右侧弹出语音聊天窗格，显示等待对方接受邀请状态，如图 12-66 所示。

举一反三

单击【取消】按钮可立即取消向对方发出的语音邀请。

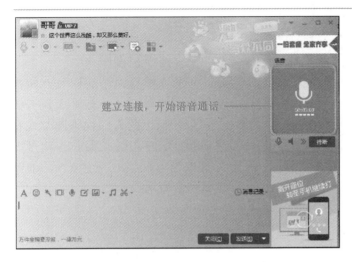

图 12-67

03 完成与好友进行语音聊天的操作

对方接受邀请后即可建立语音聊天连接，通过麦克风说话，双方就可以进行语音聊天了，如图 12-67 所示。

举一反三

单击【挂断】按钮可以结束当前语音聊天。

2. 与好友进行视频聊天

与好友进行视频聊天可以像面对面聊天一样，既可以听到对方的声音又可以看到对方的影像，下面介绍与好友进行视频聊天的方法。

图 12-68

01 单击【开始视频通话】按钮

打开与该好友聊天的窗口，单击【开始视频通话】按钮，如图 12-68 所示。

图 12-69

02 显示正在呼叫对方状态

在聊天窗口右侧会弹出一个视频聊天窗格，显示正在呼叫状态，等待对方接受邀请，如图 12-69 所示。

举一反三

用户可以单击【挂断】按钮立即取消向对方发出的视频聊天邀请。

图 12-70

03 完成与好友进行视频聊天的操作

好友接受邀请后即可开始视频聊天，单击【并排画面】按钮可以切换至两人的视频同时观看的模式，单击【拍照】按钮可以截取当前视频的一个画面，如图12-70 所示。

12.3.3　使用 QQ 向好友发送图片和文件

使用 QQ 软件还可以向好友发送图片和文件等资料，下面分别介绍向好友发送图片和文件的方法。

1. 向好友发送图片

下面介绍使用 QQ 软件向好友发送本地电脑中图片的操作方法。

图 12-71

01 单击【发送图片】按钮

打开与该好友聊天的窗口，单击【发送图片】按钮，如图 12-71 所示。

图 12-72

02 选择准备发送的图片

No1 弹出【打开】对话框，选择准备发送的图片的存储位置。

No2 选择准备发送的图片。

No3 单击【打开】按钮，如图 12-72所示。

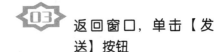

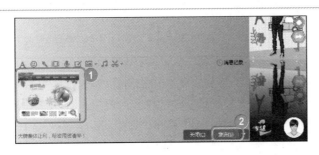

图 12-73

图 12-74

03 返回窗口，单击【发送】按钮

No1 返回到聊天窗口，在【发送消息】文本框中显示准备发送的图片。

No2 单击【发送】按钮，如图 12-73所示。

04 完成发送图片的操作

当图片发送至聊天窗口中的【接收消息】文本框时即可完成向好友发送图片的操作，如图 12-74所示。

2. 向好友发送文件

随着 QQ 的不断推广和发展，QQ 渐渐演变成为办公软件，很多公司都使用 QQ 进行文件的传送，下面将详细介绍向好友发送文件的操作方法。

图 12-75

01 选择【发送文件】选项

No1 单击【发送文件】按钮右侧的三角按钮。

No2 在弹出的下拉列表中选择【发送文件】选项，如图 12-75 所示。

图 12-76

02 选择文件

No1 弹出【打开】对话框，选择文件位置。

No2 选择准备发送的文件。

No3 单击【打开】按钮，如图 12-76 所示。

图 12-77

03 单击【转在线发送】链接项

在聊天窗口右侧会弹出一个【传送文件】窗格，显示正在传送的文件，如果传送对象 QQ 在线，可以单击【转在线发送】链接项，如图 12-77 所示。

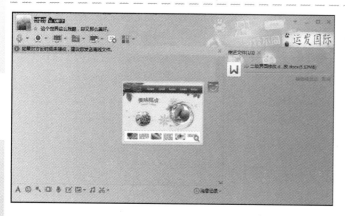

图 12-78

04 在线等待对方接受文件

可以看到【转在线发送】链接项已变为【转离线发送】链接项，等待对方接受文件，如图 12-78 所示。

图 12-79

05 完成向好友发送文件的操作

对方接受文件后在线等待一段时间，当在【接收消息】文本框中显示传送的文件时即可完成向好友发送文件的操作，如图 12-79 所示。

知识精讲

在会话窗口的文本框上方存放着聊天时的辅助工具，从左到右依次是字体选择工具栏、选择表情、VIP魔法表情/超级表情/涂鸦表情/宠物炫、向好友发送窗口抖动、语音消息、多功能辅助输入、发送图片、点歌、屏幕截图【Ctrl】+【Alt】+【A】，用户可以根据自己的需要在聊天时选择准备使用的辅助工具。此外，QQ的屏幕截图包括截图时隐藏QQ对话窗口功能，可以使截图更方便。

Section

12.4 收发电子邮件

本节导读

电子邮件又称 E－mail，是一种使用电子手段提供信息交换的通信方式。在互联网中使用电子邮件可以与世界各地的朋友进行通信交流。 本节将介绍上网收发电子邮件方面的知识。

12.4.1 申请电子邮箱

在使用邮箱前应申请电子邮箱，下面介绍申请电子邮箱的操作方法。

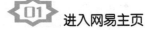

图 12-80

01 进入网易主页

启动 IE 浏览器，进入网易主页，单击【注册免费邮箱】超链接，如图 12-80 所示。

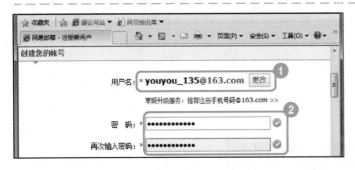

图 12-81

02 弹出对话框

No1 进入【创建新用户】界面，在【用户名】文本框中输入用户名。

No2 输入并确认用户密码，如图 12-81 所示。

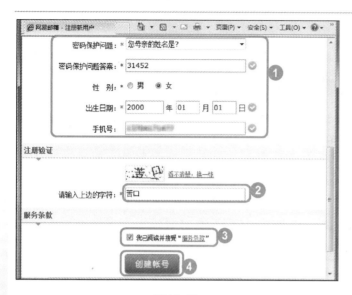

图 12-82

03 输入注册信息

No1 在【安全信息设置】区域设置密码保护问题、问题答案、性别、出生日期和手机号等。

No2 在【注册验证】区域输入验证字符。

No3 选中【我已阅读并接受"服务条款"】复选框。

No4 单击【创建账号】按钮，如图 12-82 所示。

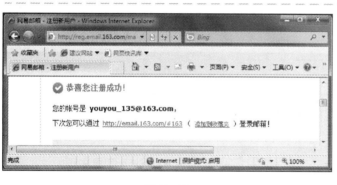

图 12-83

04 完成注册

进入【注册成功】界面，在【恭喜您注册成功】区域中显示注册成功的账号，完成申请电子邮件的操作，如图 12-83 所示。

12.4.2 登录电子邮箱

电子邮箱是通过网络电子邮局为网络客户提供的网络交流电子信息空间。申请电子邮箱后使用电子邮箱地址和密码即可登录电子邮箱，从而阅读并发送电子邮件，下面介绍登录电子邮箱的操作方法。

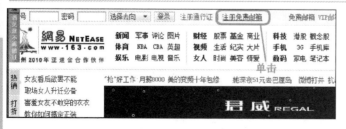

图 12-84

01 进入网易主页

启动 IE 浏览器，进入网易主页，单击【注册免费邮箱】超链接，如图 12-84 所示。

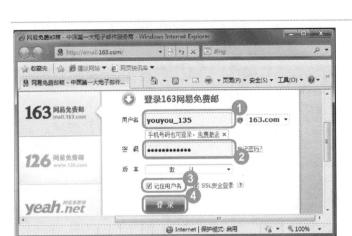

图 12-85

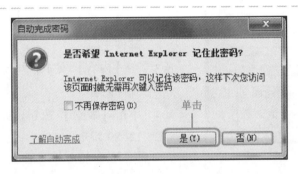

图 12-86

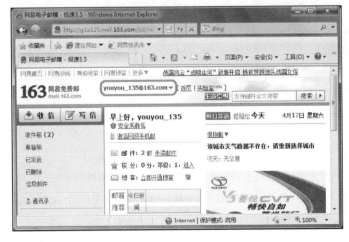

图 12-87

02 输入用户名和密码

No1 在【用户名】文本框中输入用户名。

No2 在【密码】文本框中输入密码。

No3 选中【记住用户名】复选框。

No4 单击【登录】按钮，如图 12-85所示。

03 弹出【自动完成密码】对话框

弹出【自动完成密码】对话框，单击【是】按钮，确保 IE 浏览器记住密码，如图 12-86 所示。

04 完成登录

通过上述操作即可登录电子邮箱，如图 12-87 所示。

举一反三

在【自动完成密码】对话框中选中【不再保存密码】复选框，然后单击【是】按钮，则 IE 浏览器不再保存邮箱密码。

12.4.3 撰写并发送电子邮箱

如果用户知道亲友的电子邮箱地址，在自己的电子邮箱中撰写电子邮件后即可给亲友发送电子邮件，从而与亲友保持联系，下面介绍撰写并发送电子邮件的操作方法。

图 12-88

01 登录电子邮件

No1 登录电子邮件。

No2 单击【写信】按钮，如图 12-88 所示。

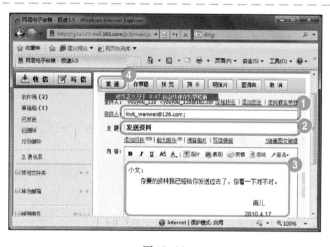

图 12-89

02 输入邮件内容

No1 在【收件人】文本框中输入收件人的电子邮箱地址。

No2 在【主题】文本框中输入邮件主题。

No3 在【内容】文本框中输入邮件内容。

No4 单击【发送】按钮，如图 12-89 所示。

图 12-90

03 完成发送

通过上述操作即可进入【邮件发送成功】界面，完成发送电子邮件的操作，如图 12-90 所示。

知识精讲

在邮件正文编辑区的下方有一个【更多选项】链接，单击该链接可以对邮件进行更多操作，包括定时发送、邮件加密、紧急、已读回执、纯文本、保存到云笔记等复选框，用户可根据需要进行选择。

12.4.4 接收并阅读电子邮箱

如果亲友使用电子邮箱给自己发送了电子邮件，那么可以接收电子邮件，并阅读电子邮件内容，从而保持与亲友的沟通，下面介绍接收并阅读电子邮件的操作方法。

图 12-91

 登录邮箱

No1 登录电子邮箱。

No2 单击【收信】按钮，如图 12-91 所示。

图 12-92

 进入【收件箱】界面

No1 进入【收件箱】界面。

No2 单击准备阅读的电子邮件超链接，如图 12-92 所示。

图 12-93

 在文本框中找到相同的名称

打开电子邮件可以阅读到邮件内容，如图 12-93 所示。

举一反三

阅读电子邮件后单击【回复】按钮可以直接进行回复邮件的操作。

Section 12.5 实践案例与上机操作

本节导读

通过本章的学习，读者基本上可以掌握网上聊天与通信的基本知识以及一些常见的操作方法，下面通过几个实践案例进行上机操作，以达到巩固学习、拓展提高的目的。

12.5.1　接收并阅读电子邮箱

如果电子邮箱中的电子邮件不准备使用了，可以将其删除，从而节省邮箱空间。下面介绍删除电子邮件的操作方法。

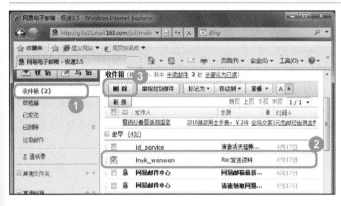

图 12-94

01 单击【删除】按钮

No 1　登录电子邮箱，选择【收件箱】选项。

No 2　选中准备删除的邮件复选框。

No 3　单击【删除】按钮，如图 12-94所示。

图 12-95

02 完成删除

通过上述操作即可删除电子邮件，如图 12-95 所示。

举一反三

进入【已删除】界面，选中邮件复选框，单击【彻底删除】按钮可以彻底删除邮箱中的电子邮件。

12.5.2　加入 QQ 群

QQ 群是腾讯公司推出的多人聊天交流的一个公众平台，群主在创建群以后可以邀请朋友或者有共同兴趣爱好的人到一个群里面聊天。在群内除了聊天以外，腾讯还提供了群空间服务，在群空间中用户可以使用群 BBS、相册、共享文件、群视频等方式进行交流。用户可以查找有共同兴趣爱好的群并加入和群内 QQ 用户一起聊天，下面具体介绍加入 QQ 群的操作方法。

图 12-96

01 输入准备添加的 QQ 群号码

No1 启动并登录 QQ 程序，进入主界面，单击【群/讨论组】按钮。

No2 选择【QQ 群】选项卡。

No3 在文本框中输入准备添加的 QQ 群号码。

No4 单击【找群】按钮，如图 12-96 所示。

图 12-97

02 单击【加群】按钮

系统会根据所输入的群号码自动搜索到群，单击【+加群】按钮，如图 12-97 所示。

图 12-98

03 输入验证信息

No1 弹出【添加群】对话框，在文本框中输入验证加群的信息。

No2 单击【下一步】按钮，如图 12-98 所示。

图 12-99

04 完成验证

【添加群】对话框中会提示用户"您的加群请求已发送成功，请等候群主/管理员验证"信息，单击【完成】按钮，如图 12-99 所示。

图 12-100

05 **双击加入的群图标**

No1 管理员接受用户的添加请求后用户即可加入群，单击【群/讨论组】按钮。

No2 在【我的 QQ 群】区域下方显示刚加入的群，双击该群图标，如图 12-100 所示。

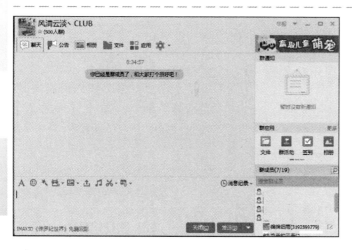

图 12-101

06 **完成加入 QQ 群的操作**

打开所加入群的聊天窗口，在【接收消息】文本框中会有系统提示信息"你已经是群成员了，和大家打个招呼吧！"这样即可加入 QQ 群并进行群聊天了，如图 12-101 所示。

和 QQ 群里的群成员进行私聊

加入 QQ 群后，用户可以很方便地和 QQ 群里的群成员进行私聊，具体方法为打开群聊天的窗口，此时在窗口右侧会显示该群中所有的群成员，双击准备进行私聊的群成员头像即可进行私聊了。

12.5.3 下载群文件

QQ 群是现在很多人群聊的地方，在群里用户可以聊工作和生活、学习。有时候群里分享的一些资料、照片或文件都会在群文件里，下面详细介绍下载群文件的操作方法。

图 12-102

01 打开群聊天窗口，单击
【文件】按钮

No1 打开群聊天窗口，单击
【文件】按钮。

No2 打开群文件列表，单击准
备下载的文件右侧的【下
载】下拉按钮。

No3 在弹出的下拉列表框中选
择【另存为】选项，如图
12-102 所示。

图 12-103

02 弹出对话框，设置保存
相关选项

No1 弹出【另存为】对话框，
选择准备保存文件的目标
位置。

No2 在【文件名】文本框中输
入保存文件的名称。

No3 单击【保存】按钮，如图
12-103 所示。

图 12-104

03 返回窗口，单击【查看
上传和下载任务】按钮

返回到群聊天窗口，可以看
到选择的文件正在下载中，单击
【查看上传和下载任务】按钮，如
图 12-104 所示。

单击

247

第13章
常用的电脑工具软件

本章内容导读

    本章主要介绍 ACDSee、酷狗音乐、暴风影音、WinRAR 等常用的电脑工具软件的使用方法，同时根据工作的需要介绍了迅雷下载软件的使用。通过本章的学习，读者可以掌握常用的电脑工具软件方面的知识，为进一步学习电脑知识奠定了基础。

本章知识要点

    ☑ **看图软件——ACDSee**
    ☑ **酷狗音乐**
    ☑ **暴风影音**
    ☑ **压缩软件——WinRAR**
    ☑ **下载软件**

Section

13.1 看图软件——ACDSee

本节导读

ACDSee 是一款功能强大的看图软件，因其具有良好的操作界面、提供了简单人性化的操作方式、支持多种图形格式并具有强大的图形文件管理功能等优点受到越来越多的使用者的青睐。 本章将详细介绍 ACDSee 看图软件的使用方法。

13.1.1 浏览图片

使用 ACDSee 看图软件可以快速浏览电脑中的图片，下面介绍使用 ACDSee 软件浏览电脑中图片的操作方法。

图 13-1

01 单击【开始】按钮

No1 在 Windows 7 系统桌面上单击【开始】按钮。

No2 选择【所有程序】菜单项后展开【ACD Systems】菜单项。

No3 选择【ACDSee】菜单项，如图 13-1 所示。

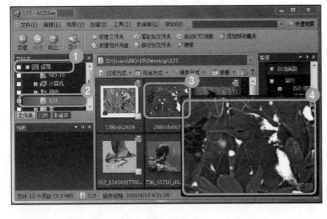

图 13-2

02 展开【桌面】选项

No1 在【文件夹】窗口中展开【桌面】选项。

No2 选择准备浏览的文件夹。

No3 移动鼠标指针指向准备浏览的图片。

No4 可以查看图片的详细信息，如图 13-2 所示。

13. 1. 2　转换图片格式

　　使用 ACDSee 看图软件，用户可以十分便捷地对各种图形图像的格式进行转换，下面介绍使用 ACDSee 看图软件转换图片格式的操作方法。

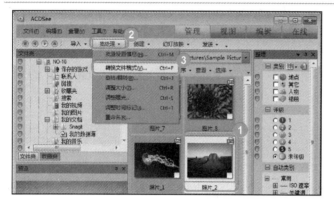

图 13-3

01　选择菜单项

No 1　选择准备修改的图片。

No 2　选择【批处理】菜单项。

No 3　在弹出的子菜单中选择【转换文件格式】菜单项，如图 13-3 所示。

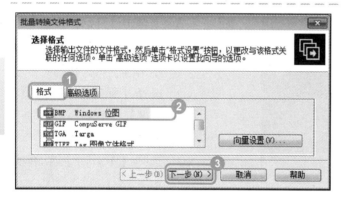

图 13-4

02　弹出对话框

No 1　弹出【批量转换文件格式】对话框，选择【格式】选项卡。

No 2　在【格式】列表框中选择【BMP Windows 位图】选项。

No 3　单击【下一步】按钮，如图 13-4 所示。

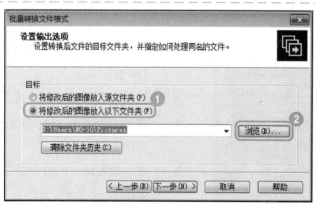

图 13-5

03　进入【设置输出选项】界面

No 1　进入【设置输出选项】界面，选择【将修改后的图像放入以下文件夹】单选按钮。

No 2　单击【浏览】按钮，选择存放图片的位置，如图 13-5 所示。

图 13-6

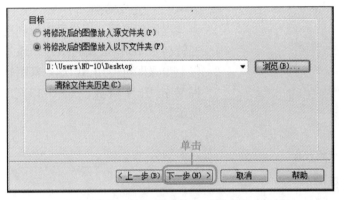

图 13-7

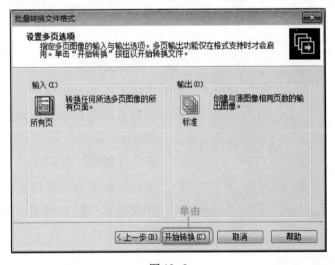

图 13-8

04 弹出对话框

No1 弹出【浏览文件夹】对话框,选择"桌面"选项。

No2 单击【确定】按钮,如图 13-6 所示。

05 单击【下一步】按钮

返回到【设置输出选项】界面,确认设置后单击【下一步】按钮,如图 13-7 所示。

06 进入【设置多页选项】界面

进入【设置多页选项】界面,确认设置后单击【开始转换】按钮,如图 13-8 所示。

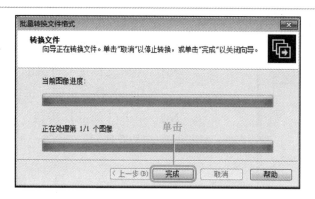

图 13-9

07 单击【完成】按钮

进入【转换文件】界面，显示转换进度，确认文件转换无误后单击【完成】按钮，如图 13-9 所示。

图 13-10

08 完成转换

返回到桌面，用户可以看到已经转换成 BMP 格式的图片，通过以上步骤即可使用 ACDSee 看图软件转换图片格式，如图 13-10 所示。

13.1.3 创建电子相册

用户可以使用 ACDSee 看图软件创建一个电子相册，通过创建电子相册用户可以动态展示图形图像。下面介绍使用 ACDSee 看图软件创建电子相册的操作方法。

图 13-11

01 选择文件夹

No1 选择图片所在的文件夹。

No2 选择准备创建电子相册的图片。

No3 选择【创建】菜单项。

No4 在弹出的菜单中选择【幻灯放映文件】菜单项，如图 13-11 所示。

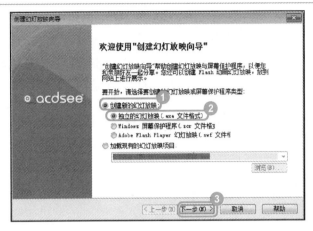

图 13-12

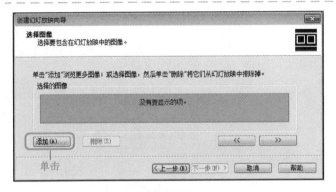

图 13-13

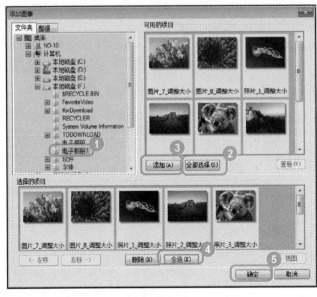

图 13-14

02 弹出对话框

No1 弹出【创建幻灯放映向导】对话框，选择【创建新的幻灯放映】单选按钮。

No2 选择【独立的幻灯放映（.exe 文件格式）】单选按钮。

No3 单击【下一步】按钮，如图 13-12 所示。

03 进入【选择图像】界面

进入【选择图像】界面，在【选择的图像】区域中单击【添加】按钮，选择图片存放的位置，如图 13-13 所示。

04 弹出对话框

No1 弹出【添加图像】对话框，展开图片所在的文件夹目录。

No2 单击【全部选择】按钮。

No3 单击【添加】按钮。

No4 在【选择的项目】区域中单击【全选】按钮。

No5 单击【确定】按钮，如图 13-14 所示。

图 13-15

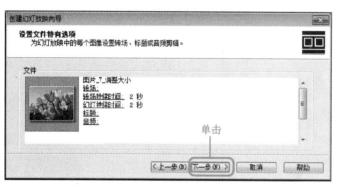

图 13-16

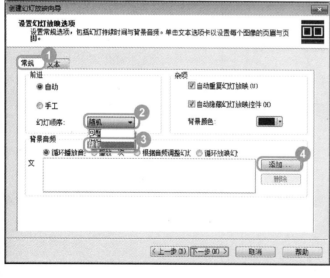

图 13-17

05 返回到【选择图像】界面，单击【下一步】按钮

返回到【选择图像】界面，确认设置后单击【下一步】按钮，如图 13-15 所示。

06 进入【设置文件特有选项】界面，单击【下一步】按钮

进入【设置文件特有选项】界面，确认设置后单击【下一步】按钮，如图 13-16 所示。

07 进入【设置幻灯放映选项】界面，选择【常规】选项卡

No1 进入【设置幻灯放映选项】界面，选择【常规】选项卡。

No2 在【前进】区域中单击【幻灯顺序】下拉按钮。

No3 在弹出的子菜单中选择【随机】菜单项。

No4 在【背景音频】区域中单击【添加】按钮，如图 13-17 所示。

图 13-18

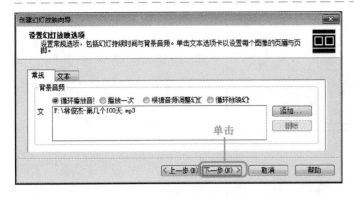

图 13-19

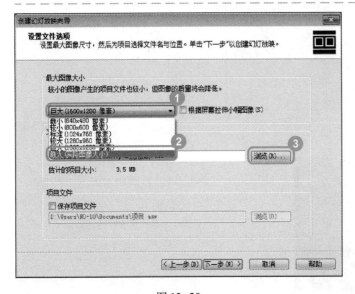

图 13-20

08 弹出【打开】对话框

No1 弹出【打开】对话框，找到音频存放的位置。

No2 在【名称】区域中选择要添加背景音频的音乐。

No3 单击【打开】按钮，如图 13-18 所示。

09 单击【下一步】按钮

返回到【设置幻灯放映选项】界面，确认设置后单击【下一步】按钮，如图 13-19 所示。

10 进入【设置文件选项】界面

No1 进入【设置文件选项】界面，在【最大图像大小】区域中单击【像素大小】下拉按钮。

No2 在【像素大小】下拉列表中选择图片的像素大小。

No3 在【文件名和位置】区域中单击【浏览】按钮，如图 13-20 所示。

图 13-21

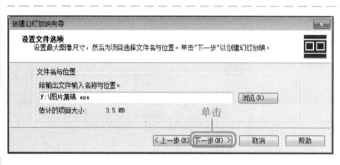

图 13-22

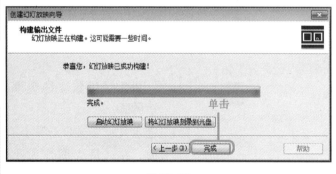

图 13-23

图 13-24

11 弹出对话框

No1 弹出【另存为】对话框，选择需要存放电子相册的磁盘位置。

No2 在【文件名】文本框中输入电子相册的名称。

No3 单击【保存】按钮，如图 13-21 所示。

12 单击【下一步】按钮

返回到【设置文件选项】界面，确认设置后单击【下一步】按钮，如图 13-22 所示。

13 进入【构建输出文件】界面

进入【构建输出文件】界面，确认设置后单击【完成】按钮，如图 13-23 所示。

14 完成电子相册的创建

完成以上步骤即可使用 ACDSee 看图软件创建电子相册，如图 13-24 所示。

13.1.4 制作屏幕保护

用户还可以使用 ACDSee 看图软件制作屏保保护。设置屏保保护可以延长显示器的使用寿命。下面介绍使用 ACDSee 看图软件，制作屏保保护的方法。

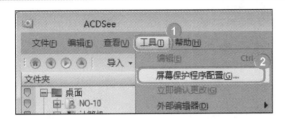

图 13-25

01 选择菜单项

No1 单击菜单栏中的【工具】菜单项。

No2 选择【屏幕保护程序配置】菜单项，如图 13-25 所示。

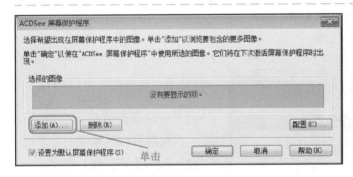

图 13-26

02 弹出对话框

弹出【ACDSee 屏幕保护程序】对话框，在【选择的图像】区域下方单击【添加】按钮，如图 13-26 所示。

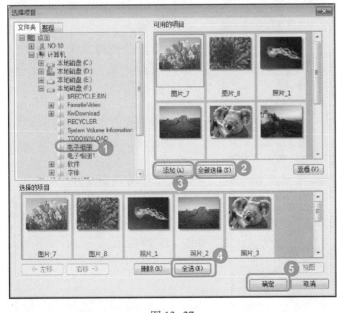

图 13-27

03 弹出对话框

No1 弹出【选择项目】对话框，展开图片所在的文件夹目录。

No2 在【可用的项目】区域中单击【全部选择】按钮。

No3 单击【添加】按钮。

No4 在【选择的项目】区域中单击【全选】按钮。

No5 单击【确定】按钮，如图 13-27 所示。

Section
13.2 酷狗音乐

酷狗（KuGou）是一款专业的P2P音乐共享软件，主要提供在线文件交互传输服务和互联网通信，具有支持用户聊天和播放器等网络娱乐服务。 本节将介绍酷狗软件的使用方法。

13.2.1 播放声音文件

用户使用酷狗软件可以在线播放声音文件，从而欣赏到优美的音乐，放松心情，下面介绍使用酷狗软件播放声音文件的操作方法。

图 13-28

01 启动酷狗软件

No1 启动酷狗软件，选择【音乐首页】选项卡。

No2 选择【排行榜】选项。

No3 在【酷狗热门榜单】列表中选择【酷狗英文榜】选项。

No4 单击准备播放的声音文件的超链接，如图 13-28 所示。

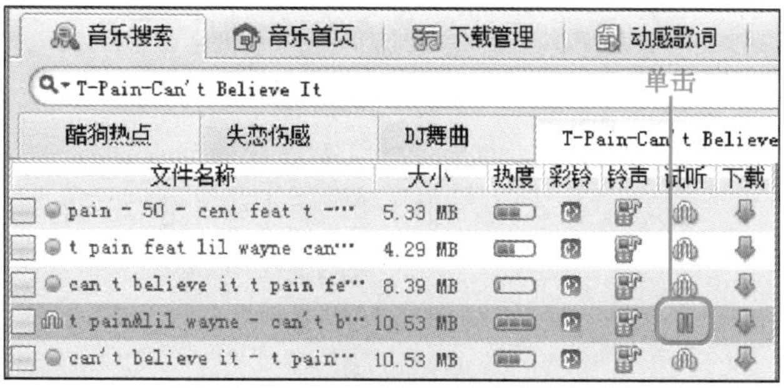

02 播放声音文件

在准备欣赏的音乐选项右侧单击【试听】按钮开始播放音乐，如图 13-29 所示。

图 13-29

13.2.2 向播放列表中添加声音文件

在酷狗软件中可以将自己喜欢的歌曲添加到播放列表中，从而便于欣赏，下面介绍向播放列表中添加声音文件的操作方法。

图 13-30

01 单击【添加】按钮

启动酷狗软件，单击【添加】按钮，如图 13-30 所示。

举一反三

在窗口下方单击【添加】按钮，然后单击【添加本地歌曲】也可添加歌曲。

图 13-31

02 弹出对话框

No1 弹出【打开】对话框，在【查找范围】下拉列表框中选择文件的保存位置。

No2 选择准备添加的声音文件。

No3 单击【打开】按钮，如图 13-31 所示。

图 13-32

03 完成添加

通过上述操作即可向播放列表中添加声音文件，如图 13-32 所示。

13.2.3 使用酷狗软件搜索并播放文件

使用酷狗软件可以搜索并播放自己喜欢听的音乐文件，从而满足使用者的需要，下面介绍使用音乐窗搜索并播放文件的操作方法。

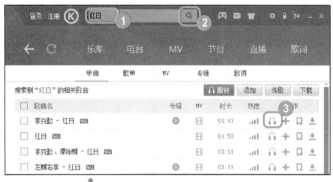

图 13-33

01 启动酷狗软件

No1 启动酷狗软件，在搜索框中输入准备搜索的文件名。

No2 单击【搜索】按钮。

No3 在准备收听的音乐文件右侧单击【试听】按钮，如图 13-33 所示。

图 13-34

02 完成搜索

通过上述操作即可搜索并播放音乐文件，如图 13-34 所示。

13.2.4 创建播放列表

当酷狗音乐盒中的音乐过多时可以根据音乐流派或歌手给音乐建立不同的播放列表，以方便用户查找和播放，下面详细介绍创建播放列表的操作方法。

图 13-35

01 选择菜单项

将鼠标指针移至酷狗音乐盒左侧的列表区域，然后右键单击，在弹出的快捷菜单中选择【新建列表】菜单项，如图 13-35 所示。

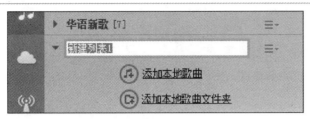

图 13-36

02 完成创建

完成以上操作即可创建新的播放列表，如图 13-36 所示。

教你一招

在美化数据透视图的时候可以先选择【设计】选项卡，在【数据】组中单击【切换行/列】按钮 ▦ 改变图表中的行与列，这时图表中的数据显示方式也会随之发生改变，用户可以根据实际需要对改变后的图表进行相应的样式应用。

Section 13.3 暴风影音

本节导读

暴风影音是一款非常流行的视频播放器，该播放器兼容大多数的视频和音频格式。 使用暴风影音播放器可以收看影视剧，还可以利用网络资源在线收看用户个人非常喜欢的电视、电影以及各种娱乐节目，本节将介绍有关暴风影音的操作方法。

13.3.1 使用暴风影音播放电脑中的视频

暴风影音支持多数视频文件格式，用户可以使用暴风影音观看自己喜欢的电影，下面介绍使用暴风影音播放电脑中影视剧的有关操作方法。

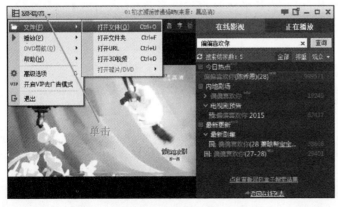

图 13-37

01 单击【打开文件】按钮

No1 启动暴风影音软件，在播放显示区域的左上角单击【暴风影音】按钮。

No2 在弹出的菜单中选择【文件】菜单项。

No3 在弹出的子菜单中选择【打开文件】菜单项，如图 13-37 所示。

图 13-38

02 弹出对话框

No1 弹出【打开】对话框，在【查找范围】下拉列表框中选择视频文件的存放位置。

No2 选择准备播放的视频文件。

No3 单击【打开】按钮，如图 13-38 所示。

图 13-39

03 完成操作

暴风影音开始播放电脑中的视频，使用暴风影音播放视频文件的操作完成，如图 13-39 所示。

13.3.2 全屏播放视频

在使用暴风影音播放器观看影片时可以对影片的播放进行设置和调整，下面以全屏影片为例介绍相关的操作方法。

图 13-40

01 单击【全屏】按钮

在影片的播放过程中将鼠标指针移动至按钮控制区域中单击【全屏】按钮，如图 13-40 所示。

图 13-41

02 完成设置

影片全屏播放，使用暴风影音对影片进行设置的操作完成，如图 13-41 所示。

13.3.3　设置显示比例/尺寸

在使用暴风影音播放器观看影片时还可以对影片的显示比例/尺寸进行设置和调整，下面将详细介绍调整显示尺寸的操作方法。

启动暴风影音软件，在播放显示区域的左上角单击【暴风影音】按钮，在弹出的菜单中选择【文件播放】菜单项，在弹出的子菜单中选择【显示比例/尺寸】菜单项，然后在弹出的子菜单中选择准备使用的尺寸，如图 13-42 和图 13-43 所示。

图 13-42

图 13-43

Section

13.4　压缩软件——WinRAR

本节导读

WinRAR 软件是一款功能强大的压缩包管理器，用于备份数据、缩减电子邮件附件的大小、解压缩从互联网中下载的压缩文件和新建压缩文件等。本节将介绍 WinRAR 压缩软件的使用方法。

13.4.1　压缩文件

压缩文件的原理是把文件的二进制代码压缩，查找文件内的重复字节，建立一个相同字节的词典文件，并用一个代码表示。总体来说，压缩可以分为有损和无损压缩两种。如果丢失个别的数据不会造成太大的影响，这时就可以忽略它们，这就是有损压缩。但是更多情况下压缩数据必须准确无误，人们便设计出了无损压缩格式，例如常见的 ZIP、RAR 等。使用 WinRAR 压缩软件可以将电脑中保存的文件压缩，从而缩小文件的体积，便于使用和传输，下面介绍压缩文件的操作方法。

图 13-44

01 单击【开始】按钮

No1　单击【开始】按钮 。

No2　选择【所有程序】菜单项后展开【WinRAR】菜单。

No3　选择【WinRAR】菜单项，如图 13-44 所示。

图 13-45

02 打开【WinRAR】窗口

No1　打开【WinRAR】窗口，选择文件所在的文件夹。

No2　选择准备压缩的文件。

No3　单击【添加】按钮 ，如图 13-45 所示。

图 13-46

03 弹出【压缩文件名和参数】对话框

No1　弹出【压缩文件名和参数】对话框，选择【常规】选项卡。

No2　在【压缩文件名】文本框中输入压缩后的文件名。

No3　选中【RAR】单选按钮。

No4　单击【确定】按钮 确定 即可开始压缩文件，如图 13-46 所示。

图 13-47

04 完成压缩

通过上述操作即可完成压缩文件的操作，如图 13-47 所示。

13.4.2 带密码压缩

带密码压缩是指压缩文件时为文件添加密码，从而防止他人查看或修改压缩后的文件，下面介绍带密码压缩的操作方法。

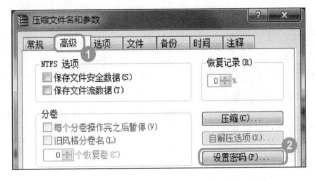

图 13-48

01 选择【高级】选项卡

No1 压缩文件时，在弹出的【压缩文件名和参数】对话框中选择【高级】选项卡。

No2 单击【设置密码】按钮 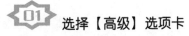，如图 13-48 所示。

图 13-49

02 弹出【带密码压缩】对话框

No1 弹出【带密码压缩】对话框，输入并确认密码。

No2 单击【确定】按钮 确定 ，如图 13-49 所示。

图 13-50

03 返回【压缩文件名和参数】对话框

返回【压缩文件名和参数】对话框，单击【确定】按钮 确定 即可带密码压缩文件，如图 13-50 所示。

13.4.3 解压缩文件

解压缩文件是指将压缩后的文件解压，从而查看或编辑文件内容，下面介绍解压缩文件的操作方法。

图 13-51

01 打开【WinRAR】窗口

No1 打开【WinRAR】窗口，选择文件所在的文件夹。

No2 选择准备解压缩的文件。

No3 单击【解压到】按钮 📁，如图 13-51 所示。

图 13-52

02 弹出对话框

No1 弹出【解压路径和选项】对话框，选择【常规】选项卡。

No2 在【目标路径】文本框中输入目标路径。

No3 选中【解压并替换文件】单选按钮。

No4 选中【覆盖前询问】单选按钮。

No5 单击【确定】按钮 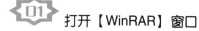，如图 13-52 所示。

图 13-53

完成解压

通过上述操作即可解压文件，如图 13-53 所示。

举一反三

解压缩带密码的文件时会弹出【输入密码】对话框，输入正确的密码即可解压缩该文件。

教你一招

使用快捷键压缩或解压缩文件

在电脑中安装 WinRAR 软件后，右键单击准备压缩或解压缩的文件，在弹出的快捷菜单中选择【添加到压缩文件】菜单项或【解压文件】菜单项也可弹出相应的对话框，从而进行压缩或解压缩文件操作。

Section

13.5 下载软件

本节导读

下载软件就是通过各种网络协议可以将各种数据保存到电脑上的软件，目前比较流行的下载软件有 FlashGet 和迅雷，本节将详细介绍使用下载软件的方法。

迅雷已经成为目前网络上应用最广泛的下载软件，不仅下载速度快，而且操作非常简便，下面以下载视频为例介绍在迅雷中搜索与下载文件的方法。

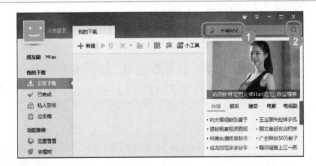

图 13-54

01 单击【搜索】按钮

No1 打开迅雷程序界面，在搜索文本框中输入准备下载的内容。

No2 单击【搜索】按钮🔍，如图 13-54 所示。

图 13-55

02 弹出网页窗口

弹出网页窗口，在下载地址列表中单击准备下载的超链接，如图 13-55 所示。

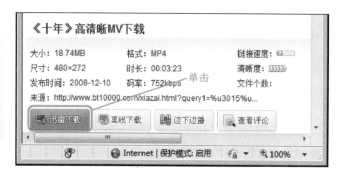

图 13-56

03 弹出下载网页窗口

弹出下载网页窗口，单击【迅雷下载】按钮，如图 13-56 所示。

图 13-57

04 弹出对话框

No1 弹出【新建任务】对话框，在【储存路径】文本框中选择下载文件的储存路径。

No2 单击【立即下载】按钮，如图 13-57 所示。

图 13-58

05 打开迅雷下载页面

打开迅雷下载页面，其中显示下载进度、时间等相关信息，如图 13-58 所示。

图 13-59

06 完成下载

文件下载完毕，选择【已完成】选项卡，下载完成的任务显示在其中，通过上述方法即可完成使用迅雷下载文件的操作，如图 13-59 所示。

Section 13.6 实践案例与上机操作

本节导读

通过本章的学习，用户可以掌握常用的电脑工具软件在使用方面的知识及操作，下面通过几个实践案例进行上机操作，以达到巩固学习、拓展提高的目的。

13.6.1 删除酷狗播放列表中的音乐

在使用酷狗软件欣赏歌曲时，如果播放列表中的歌曲不准备再欣赏了，可以将其删除，下面介绍删除酷狗播放列表中音乐的操作方法。

打开酷狗音乐盒程序界面，右键单击播放列表中准备删除的音乐，在弹出的快捷菜单中选择【删除】菜单项即可完成删除音乐的操作，如图 13-60 所示。

图 13-60

13.6.2　给酷狗音乐盒更换皮肤

酷狗音乐盒为用户提供了大量的皮肤样式，用户可以根据自己的喜好进行更换，更换皮肤的方法非常简单，下面详细介绍给酷狗音乐盒更换皮肤的操作方法。

图 13-61

01 打开酷狗音乐盒

打开酷狗音乐盒程序界面，单击界面右上角的【更换皮肤】按钮，如图 13-61 所示。

图 13-62

02 弹出【皮肤与窗口调整】界面

No1 弹出【皮肤与窗口调整】界面，在【列表透明】文本框中输入透明度。

No2 在【推荐皮肤】中选择一个皮肤，如图 13-62 所示。

图 13-63

03 完成更换皮肤的操作

完成以上步骤即可给酷狗音乐盒更换皮肤，如图 13-63 所示。

13.6.3　设置酷狗音乐盒的播放模式

用户在使用酷狗音乐盒时可以根据自己的需要设置音乐播放的模式，其中包括单曲播放、单曲循环、顺序播放、列表循环、随机播放 5 种播放模式，设置播放模式的方法非常简单，下面详细介绍设置酷狗音乐盒音乐播放模式的操作方法。

打开酷狗音乐盒界面，单击界面左上角的【列表循环】按钮，在弹出的菜单中选择

【单曲循环】菜单项即可完成设置播放模式的操作，如图 13-64 所示。

图 13-64

知识精讲

在播放列表中右键单击任意一首歌曲，在弹出的快捷菜单中选择【播放模式】菜单项，在弹出的子菜单中也可以选择不同的播放模式。

第 14 章

电脑的优化与设置

本章内容导读

本章主要介绍加快开机速度、加快系统运行速度、使用工具优化电脑等方面的知识与技巧，最后还针对实际的工作需求讲解了使用任务计划程序、使用事件查看器、使用性能监视器、使用资源监视器，以及使用 Windows 优化大师优化文件系统的方法。通过本章的学习，读者可以掌握电脑的优化与设置方面的知识，为进一步学习电脑知识奠定了基础。

本章知识要点

- ☑ 加快开机速度
- ☑ 加快系统运行速度
- ☑ 使用工具优化电脑

Section
14.1 加快开机速度

本节导读

　　随着电脑使用时间的延长以及安装的软件越来越多，很多用户会发现电脑的速度越来越慢，启动时间也从新装系统的几十秒不断延长为几分钟。本节将详细介绍加快开机速度的方法。

14.1.1 调整系统停留启动的时间

　　在启动操作系统时用户可以自己调整显示操作系统列表的时间和显示恢复选项的时间。下面详细介绍调整系统停留启动时间的操作方法。

图 14-1

01 选择菜单项

　　用鼠标右键单击【计算机】图标，在弹出的快捷菜单中选择【属性】菜单项，如图 14-1 所示。

图 14-2

02 单击链接

　　弹出【查看有关计算机的基本信息】界面，单击【高级系统设置】链接，如图14-2所示。

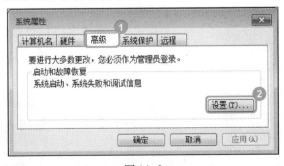

图 14-3

03 弹出对话框

No1　弹出【系统属性】对话框，选择【高级】选项卡。

No2　在【启动和故障恢复】区域单击【设置】按钮，如图 14-3 所示。

图 14-4

弹出【启动和故障恢复】对话框

04

No1　弹出【启动和故障恢复】对话框，选择【在需要时显示恢复选项的时间】复选框。

No2　取消选择【将事件写入系统日志】复选框。

No3　单击【确定】按钮，如图 14-4 所示。

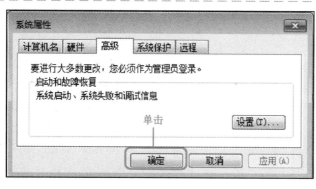

图 14-5

完成设置

05

　　回到【系统属性】对话框，单击【确定】按钮即可完成调整系统停留时间的设置，如图 14-5 所示。

14.1.2　设置开机启动项目

　　电脑开机启动项的设置有很多种操作方法，针对不同的情况，操作方法也是不一样的，正常来说用户使用电脑要用到的是删除或禁止开机启动项、添加开机启动项这两大部分，下面详细介绍设置开机启动项的操作方法。

图 14-6

选择【运行】菜单项

01

No1　在 Windows 7 系统桌面上单击【开始】按钮。

No2　在弹出的菜单中选择【运行】菜单项，如图 14-6 所示。

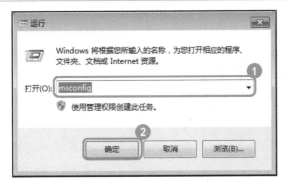

图 14-7

02 弹出【运行】对话框

No1 弹出【运行】界面，在【打开】文本框中输入 msconfig。

No2 单击【确定】按钮，如图 14-7 所示。

图 14-8

03 完成设置

No1 弹出【系统配置】对话框，选择【启动】选项卡。

No2 根据需要选择开机启动项。

No3 单击【确定】按钮即可完成开机启动项的设置，如图 14-8 所示。

Section 14.2 加快系统运行速度

在使用 Windows 7 操作系统进行电脑操作时如果能够优化 Windows 操作系统，则可提高系统运行速度，从而达到最佳的使用效果。本节将介绍一些优化 Windows 操作系统的方法，如磁盘清理、禁用无用的服务组件、设置最佳性能和结束多余进程等。

14.2.1 禁用无用的服务组件

Windows 系统服务为了满足更多人的需求，开启了传真、远程控制计算机、远程修改注册表等一系列服务，但对于大部分用户来说有很多服务是不必要的，那些无用的服务长期在电脑中处于等待启动或正在运行的状态，会在一定程度上消耗电脑的运行资源，使电脑的运行速度减慢，甚至可能是某种安全隐患，为黑客和一些别有用心的人大开方便之门。关闭大量无用的系统服务可以达到加速系统的目的，下面详细介绍禁用服务组件的方法。

图 14-9

01 选择【运行】菜单项

No1 在 Windows 7 系统桌面上单击【开始】按钮。

No2 在弹出的菜单中选择【运行】菜单项，如图 14-9 所示。

图 14-10

02 弹出【运行】对话框

No1 弹出【运行】对话框，在【打开】文本框中输入 services.msc。

No2 单击【确定】按钮，如图 14-10 所示。

图 14-11

03 弹出【服务】窗口

弹出【服务】窗口，在右侧列表中用鼠标右键单击选择需要禁用的服务选项，并从弹出的快捷菜单中选择【停止】菜单项，如图 14-11 所示。

图 14-12

04 选择菜单项

再次用鼠标右键单击选择需要禁用的服务选项，并从弹出的快捷菜单中选择【属性】菜单项，如图 14-12 所示。

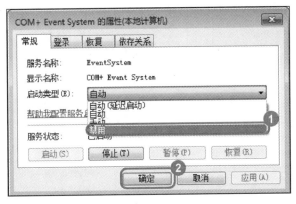

图 14-13

05 弹出对话框

No1 弹出【COM + Event System 的属性（本地计算机）】对话框，在【启动类型】下拉列表框中选择【禁用】选项。

No2 单击【确定】按钮，如图 14-13 所示。

14.2.2 设置最佳性能

设置 Windows 7 系统的最佳性能的方法非常简单，下面详细介绍设置最佳性能的具体操作方法。

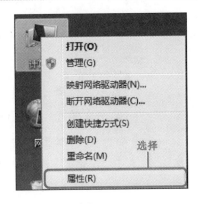

图 14-14

01 选择【属性】菜单项

在 Windows 7 系统桌面上用鼠标右键单击【计算机】图标，在弹出的快捷菜单中选择【属性】菜单项，如图 14-14 所示。

图 14-15

02 单击链接

弹出【查看有关计算机的基本信息】窗口，单击窗口左侧的【高级系统设置】链接，如图 14-15 所示。

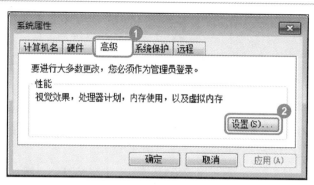

图 14-16

03 弹出对话框

No1 弹出【系统属性】对话框，选择【高级】选项卡。

No2 在【性能】区域单击【设置】按钮，如图 14-16 所示。

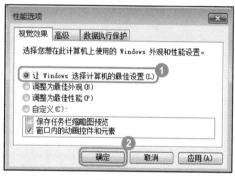

图 14-17

04 弹出对话框

No1 弹出【性能选项】对话框，选中【让 Windows 选择计算机的最佳设置】单选按钮。

No2 单击【确定】按钮，如图 14-17 所示。

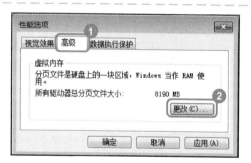

图 14-18

05 选择【高级】选项卡

No1 选择【高级】选项卡。

No2 在【虚拟内存】区域单击【更改】按钮，如图 14-18 所示。

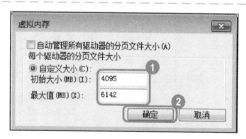

图 14-19

06 弹出【虚拟内存】对话框

No1 弹出【虚拟内存】对话框，在【初始大小】和【最大值】文本框中输入数值。

No2 单击【确定】按钮即可完成最佳性能的设置，如图 14-19 所示。

14.2.3　磁盘碎片整理

　　磁盘是电脑中存储数据的重要介质，任何不正常的关机或不当操作都可能破坏磁盘。电脑在使用一段时间后，由于操作，文件被分散保存到整个磁盘的不同地方，而不是连续地保存在磁盘连续的簇中，从而形成了磁盘碎片。大量的磁盘碎片降低了电脑的运行速度，使用Windows 7操作系统自带的磁盘碎片整理程序定期整理磁盘碎片可以保证文件的完整性，从而提高电脑读取文件的速度。下面详细介绍磁盘碎片整理的方法。

图 14-20

01 单击【开始】按钮

No1　单击【开始】按钮，在弹出的菜单中选择【所有程序】→【附件】→【系统工具】菜单项。

No2　选择【磁盘碎片整理程序】菜单项，如图14-20所示。

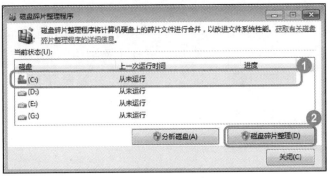

图 14-21

02 弹出对话框

No1　弹出【磁盘碎片整理程序】对话框，在【当前状态】区域中单击准备整理的磁盘。

No2　单击【磁盘碎片整理】按钮，如图14-21所示。

磁盘	上一次运行时间	进度
(C:)	从未运行	
(D:)	2015/7/8 11:34. (0% 碎片)	
(E:)	从未运行	
(F:)	从未运行	

图 14-22

03 完成磁盘碎片整理

　　完成以上操作即可实现磁盘碎片的整理，如图14-22所示。

Section

14.3 使用工具优化电脑

☆节导读

　　Windows 优化大师是一款功能强大的系统辅助软件，使用 Windows 优化大师能够有效地帮助用户了解自己的计算机软/硬件的信息，为用户的系统提供全面有效、简便安全的优化，本节将具体介绍 Windows 优化大师的相关操作方法。

14.3.1　使用 Windows 优化大师优化系统

　　用户使用 Windows 优化大师软件提供的自动优化向导能够根据检测分析到的用户电脑软/硬件配置信息进行自动优化，下面具体介绍优化网络系统的操作方法。

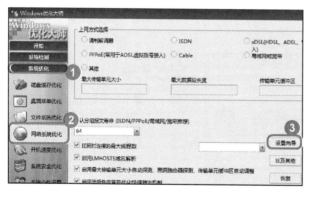

图 14-23

01　启动 Windows 优化大师

No1　启动 Windows 优化大师，选择【系统优化】选项卡。

No2　选择【网络系统优化】选项。

No3　单击【设置向导】按钮，如图 14-23 所示。

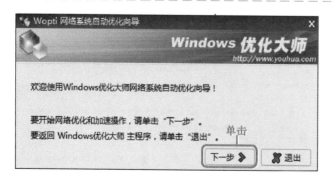

图 14-24

02　弹出对话框

　　弹出【Wopti 网络系统自动优化向导】对话框，单击【下一步】按钮，如图 14-24 所示。

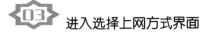

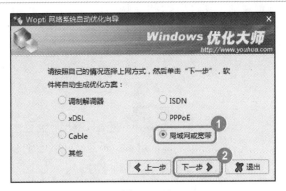

图 14-25

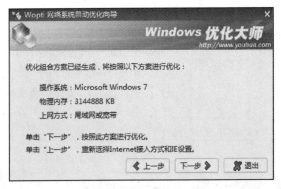

图 14-26

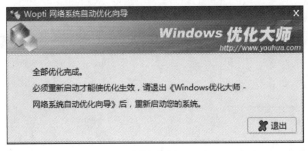

图 14-27

03 进入选择上网方式界面

No1 进入选择上网方式界面，选择【局域网或宽带】单选按钮。

No2 单击【下一步】按钮，如图 14-25 所示。

04 进入优化组合方案界面

进入优化组合方案界面，显示优化组合方案的具体信息，单击【下一步】按钮，如图 14-26 所示。

05 完成优化

进入优化完成界面，显示需重启才能使优化生效的信息，重启电脑即可优化网络系统，如图 14-27 所示。

知识精讲

启动 Windows 优化大师后选择【系统优化】选项卡，其中有【磁盘缓存优化】【桌面菜单优化】【文件系统优化】等选项，Windows 优化大师能够根据检测分析到的用户电脑软/硬件配置信息进行自动优化。

14.3.2 使用 360 安全卫士优化系统

360 安全卫士是一款由奇虎 360 公司推出的功能强、效果好的电脑防护软件，拥有电脑体检、查杀修复、电脑清理、优化加速、功能大全、软件管家和电脑门诊等功能，在杀木马、防盗号、保护账号及密码安全方面有出色的表现，在电脑上网时可以有效地保护电脑安全。

使用360安全卫士可以清除电脑中安装的无用插件，从而提高电脑运行的速度。下面介绍使用360安全卫士清理插件的操作方法。

图 14-28

01 启动360安全卫士

启动360安全卫士，单击【电脑清理】按钮，如图14-28所示。

图 14-29

02 选中【清理插件】选项

选中【清理插件】选项，单击【一键扫描】按钮，如图14-29所示。

图 14-30

03 单击【一键清理】按钮

显示扫描结果，单击【一键清理】按钮，如图14-30所示。

图 14-31

04 完成清理

通过以上步骤即可完成使用360安全卫士清理插件的操作，如图14-31所示。

知识精讲

【电脑清理】中包括【清理插件】【清理垃圾】【清理注册表】【清理痕迹】【清理软件】【清理Cookies】6个选项，可以同时进行清理。

14.4　实践案例与上机操作

　　通过本章的学习，用户可以掌握电脑的优化与设置方面的知识及操作，下面通过几个实践案例进行上机操作，以达到巩固学习、拓展提高的目的。

14.4.1　使用任务计划程序

　　在 Windows 7 中可以使用任务计划程序创建和管理计算机，使其在指定的时间自动执行常见任务。使用任务计划程序的方法非常简单，下面详细介绍使用任务计划程序的操作方法。

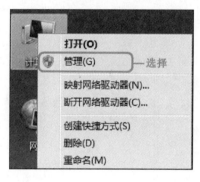

图 14-32

01　选择菜单项

　　在 Windows 系统桌面上右键单击【计算机】图标，在弹出的快捷菜单中选择【管理】菜单项，如图 14-32 所示。

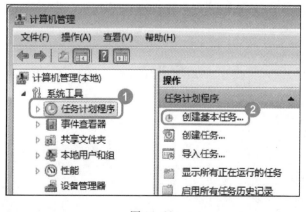

图 14-33

02　打开窗口

No1　打开【计算机管理】窗口，在【计算机管理（本地）】窗格中选择【任务计划程序】选项。

No2　在【操作】窗格中单击【创建基本任务】超链接，如图 14-33 所示。

图 14-34

03 弹出对话框

No1 弹出【创建基本任务向导】对话框，在【名称】文本框中输入名称，在【描述】文本框中输入任务描述。

No2 单击【下一步】按钮，如图 14-34 所示。

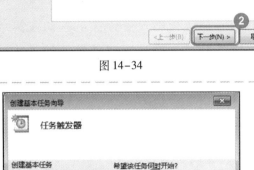

图 14-35

04 进入【任务触发器】界面

No1 进入【任务触发器】界面，在【希望该任务何时开始】区域选中【每天】单选按钮。

No2 单击【下一步】按钮 ，如图 14-35 所示。

图 14-36

05 进入【每日】界面

No1 进入【每日】界面，在【开始】区域设置开始日期和时间。

No2 在【每隔】文本框中设置间隔时间。

No3 单击【下一步】按钮，如图 14-36 所示。

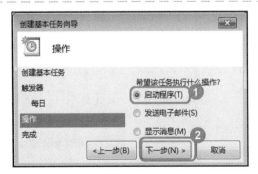

图 14-37

06 进入【操作】界面

No1 进入【操作】界面，选中【启动程序】单选按钮。

No2 单击【下一步】按钮，如图 14-37 所示。

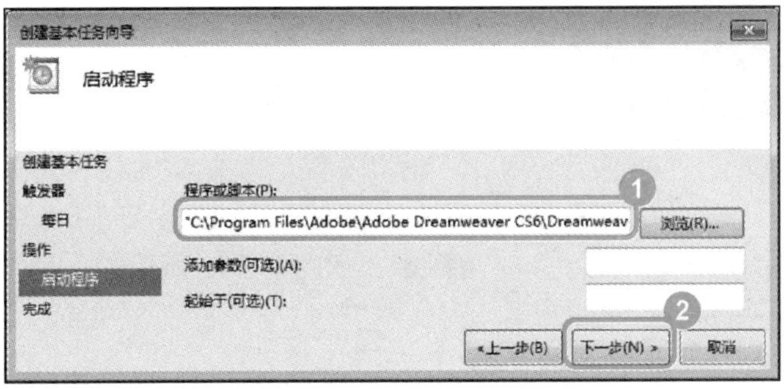

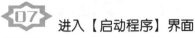

图 14-38

07 进入【启动程序】界面

No1 进入【启动程序】界面，在【程序或脚本】文本框中输入路径。

No2 单击【下一步】按钮，如图 14-38 所示。

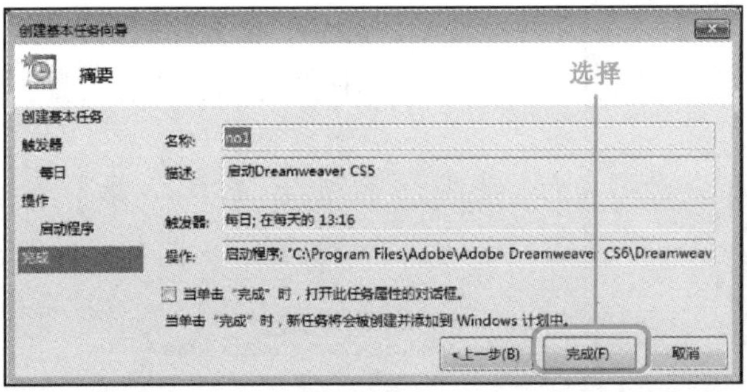

图 14-39

08 完成设置

进入【完成】界面，单击【完成】按钮即可完成使用任务计划的操作，电脑会定时启动该程序，如图 14-39 所示。

14.4.2 使用 Windows 优化大师优化文件系统

使用 Windows 优化大师的优化文件系统功能可以优化文件类型、CD/CDROM 的缓存文件和预读文件、交换文件和多媒体应用程序并加快软驱的读/写速度，下面具体介绍优化文件系统的操作方法。

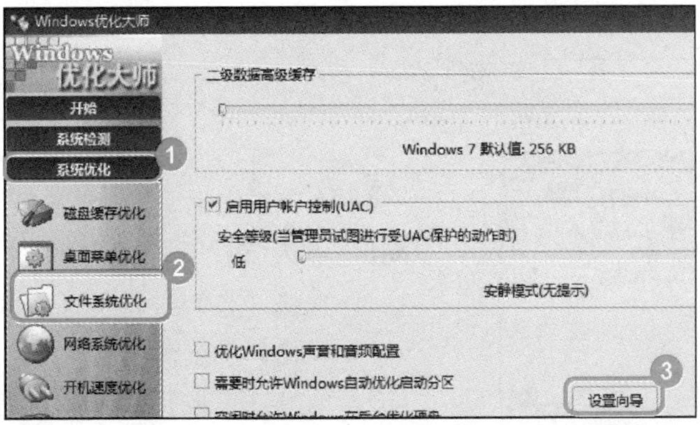

图 14-40

01 启动优化大师

No1 启动 Windows 优化大师，选择【系统优化】选项卡。

No2 选择【文件系统优化】选项。

No3 单击【设置向导】按钮，如图 14-40 所示。

图 14-41

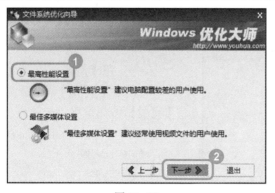

图 14-42

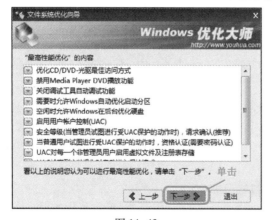

图 14-43

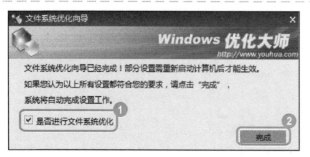

图 14-44

02 弹出【文件系统优化向导】对话框

弹出【文件系统优化向导】对话框，单击【下一步】按钮，如图 14-41 所示。

03 进入【设置方式】界面

No1 进入【设置方式】界面，选择【最高性能设置】单选按钮。

No2 单击【下一步】按钮，如图 14-42 所示。

04 进入【"最高性能优化"的内容】界面

进入【"最高性能优化"的内容】界面，显示进行优化的具体内容，单击【下一步】按钮，如图 14-43 所示。

05 完成优化

No1 进入【优化完成】界面，选择【是否进行文件系统优化】复选框。

No2 单击【完成】按钮即可完成文件优化，如图 14-44 所示。

第15章

电脑安全与病毒防范

本章内容导读

本章主要介绍 360 杀毒软件的应用、Windows 7 系统备份与还原以及使用 Windows 7 防火墙等内容，最后还针对实际的工作需求讲解了关闭自动更新、使用 360 安全卫士给电脑进行体检的方法。通过本章的学习，读者可以掌握电脑安全与病毒防范方面的知识，为进一步学习电脑知识奠定了基础。

本章知识要点

☑ **360 杀毒软件的应用**
☑ **Windows 7 系统备份与还原**
☑ **使用 Windows 7 防火墙**

15.1 360 杀毒软件的应用

本节导读

　　360 杀毒软件是一款免费的杀毒软件，功能非常强大，占用的系统资源极少，而且可以实时保护系统安全，本节将详细介绍使用 360 查杀病毒的有关操作方法。

15.1.1 全盘扫描

　　360 杀毒软件具有强大的病毒扫描能力，除普通病毒、网络病毒、电子邮件病毒、木马之外，对于间谍软件、Rootkit 等恶意软件也有极为优秀的检测及修复能力。下面详细介绍使用 360 杀毒软件的全盘扫描功能的具体操作方法。

图 15-1

01 启动 360 杀毒软件

　　启动 360 杀毒软件，在 360 杀毒界面中单击【全盘扫描】按钮，如图 15-1 所示。

图 15-2

02 开始扫描

　　开始扫描，扫描完成后单击【立即处理】按钮，如图 15-2 所示。

图 15-3

03 单击【再次处理】按钮

　　扫描完成后显示"本次扫描发现 13 个待处理项，已处理 11 个项目！"提示，单击【再次处理】按钮，如图 15-3 所示。

图 15-4

04 **单击【再次处理】按钮**

No1　选中准备处理的项目。

No2　单击【再次处理】按钮，
如图 15-4 所示。

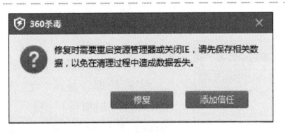

图 15-5

05 **弹出【360 杀毒】对
话框**

弹出【360 杀毒】对话框，
单击【修复】按钮，如图 15-5
所示。

图 15-6

06 **完成扫描**

完成处理，显示"已成功处
理所有发现的项目！"提示，单击
【确定】按钮即可完成 360 杀毒软
件的全盘扫描，如图 15-6 所示。

15.1.2 快速扫描

使用 360 杀毒软件的快速扫描功能非常简单，下面详细介绍使用 360 杀毒软件的快速扫
描功能的具体操作方法。

图 15-7

01 **启动 360 杀毒软件**

启动 360 杀毒软件，在 360
杀毒界面中单击【快速扫描】按
钮，如图 15-7 所示。

图 15-8

02 单击【立即处理】按钮

No1 开始扫描，扫描完成后出现"本次扫描发现 1 个待处理项！"提示，选中待处理项目。

No2 单击【立即处理】按钮，如图 15-8 所示。

图 15-9

03 单击【确认】按钮

完成处理，显示"已成功处理所有发现的项目！"提示，单击【确认】按钮即可完成 360 杀毒软件的快速扫描，如图 15-9 所示。

15.1.3 自定义扫描

360 杀毒软件中的自定义扫描功能为用户提供了更多的扫描自主选择，全盘扫描和快速扫描针对的对象是电脑硬盘，自定义扫描还包括 U 盘、移动硬盘等。使用 360 杀毒软件的自定义扫描功能的方法非常简单，下面详细介绍使用 360 杀毒软件的自定义扫描功能的具体操作方法。

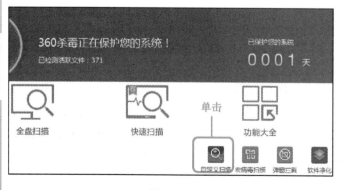

图 15-10

01 单击【自定义扫描】按钮

启动 360 杀毒软件，在 360 杀毒界面中单击【自定义扫描】按钮，如图 15-10 所示。

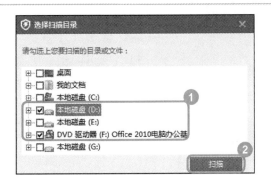

图 15-11

02 弹出【选择扫描目录】对话框

No1 弹出【选择扫描目录】对话框，选择准备扫描的目录或文件。

No2 单击【扫描】按钮，如图 15-11 所示。

图 15-12

03 完成扫描

　　完成扫描，显示"本次扫描未发现任何安全威胁！"提示，单击【返回】按钮即可完成 360 杀毒软件的自定义扫描，如图 15-12 所示。

15.1.4　宏病毒扫描

　　360 杀毒软件推出 Office 宏病毒扫描"专杀"，可全面查杀寄生在 Excel、Word 等文档中的 Office 宏病毒，查杀能力处于行业领先地位。使用 360 杀毒软件的宏病毒扫描功能的方法非常简单，下面详细介绍使用 360 杀毒软件的宏病毒扫描功能的具体操作方法。

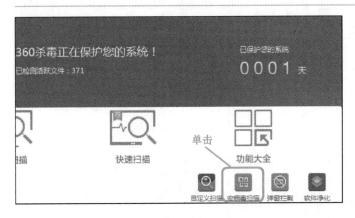

图 15-13

01 单击【宏病毒扫描】按钮

　　启动 360 杀毒软件，在 360 杀毒界面中单击【宏病毒扫描】按钮，如图 15-13 所示。

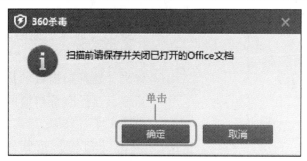

图 15-14

02 弹出对话框

弹出【360 杀毒】对话框，显示"扫描前请保存并关闭已打开的 Office 文档"提示，单击【确定】按钮，如图 15-14 所示。

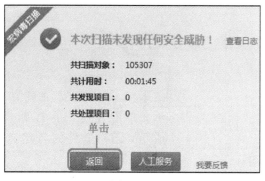

图 15-15

03 完成扫描

完成扫描，显示"本次扫描未发现任何安全威胁！"提示，单击【返回】按钮即可完成 360 杀毒软件的宏病毒扫描，如图 15-15 所示。

15.1.5 弹窗拦截

使用弹窗拦截功能的方法非常简单，下面详细介绍使用弹窗拦截功能的方法。

图 15-16

01 单击【弹窗拦截】按钮

启动 360 杀毒软件，在 360 杀毒界面中单击【弹窗拦截】按钮，如图 15-16 所示。

图 15-17

02 进入弹窗拦截界面

No1 进入弹窗拦截界面，选择【强力拦截】选项。

No2 单击【手动添加】按钮，如图 15-17 所示。

图 15-18

03 弹出【手动添加－在这里您可以开启想要拦截的广告和弹窗】对话框

No1 弹出【手动添加－在这里您可以开启想要拦截的广告和弹窗】对话框，选择准备拦截的弹窗。

No2 单击【确认开启】按钮，如图 15-18 所示。

图 15-19

04 完成设置

返回弹窗拦截界面，可以看到已经将弹窗添加到拦截选项中，通过以上步骤即可完成弹窗拦截的设置，如图 15-19 所示。

15.1.6 软件净化

使用 360 杀毒软件的软件净化功能的操作方法非常简单，下面详细介绍使用 360 杀毒软件的软件净化功能的具体操作方法。

图 15-20

01 单击【软件净化】按钮

启动 360 杀毒软件，在 360 杀毒界面中单击【软件净化】按钮，如图 15-20 所示。

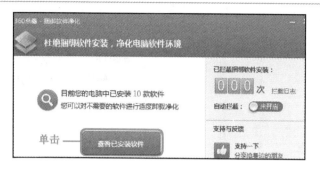

图 15-21

02 弹出【捆绑软件净化】界面

弹出【捆绑软件净化】界面，单击【查看已安装软件】按钮，如图 15-21 所示。

图 15-22

03 单击【卸载】按钮

显示电脑中已安装的所有软件，在准备卸载的软件后面单击【卸载】按钮，如图 15-22 所示。

图 15-23

04 弹出【捆绑软件净化器】对话框

弹出【捆绑软件净化器】对话框，显示"确定要卸载软件'暴风影音 5'吗？"提示，单击【确定】按钮，如图 15-23 所示。

图 15-24

05 完成卸载

可以看到软件列表中没有暴风影音 5，通过以上步骤即可完成软件卸载净化的操作，如图 15-24 所示。

Windows 7 系统备份与还原

本节导读

在计算机的使用过程中，一旦系统出现无法正常工作的情况，可以通过还原系统将其恢复到以前的状态。本节主要介绍 Windows 7 系统备份与还原的方法。

15.2.1　系统备份

在 Windows 7 操作系统中，为了防止重要数据丢失或损坏，可以通过系统备份的操作来进行数据备份，下面详细介绍系统备份的操作方法。

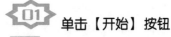

图 15-25

01 单击【开始】按钮

No1　在 Windows 7 系统桌面上单击【开始】按钮。

No2　在弹出的菜单中选择【控制面板】菜单项，如图 15-25 所示。

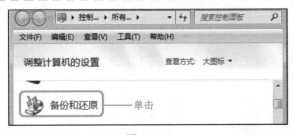

图 15-26

02 单击【备份和还原】链接

弹出【控制面板】窗口，单击【备份和还原】链接，如图 15-26 所示。

图 15-27

03 单击【设置备份】链接

弹出【备份和还原】窗口，单击【设置备份】链接，如图 15-27 所示。

图 15-28

04 弹出【设置备份】对话框

No.1 弹出【设置备份】对话框，在【保存备份的位置】区域中选择准备保存位置的磁盘。

No.2 单击【下一步】按钮，如图 15-28 所示。

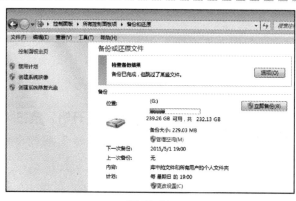

图 15-29

05 完成备份

　　在当前窗口中可以查看上一次备份、下一次备份、内容及计划等信息，通过以上步骤即可完成系统备份的操作，如图 15-29 所示。

15. 2. 2　创建系统还原点

　　在 Windows 操作系统中，系统还原提供了一种将计算机还原到先前工作状态的简单方法，系统还原的工作原则是使用还原点将系统文件和配置及时返回以前的点而不影响个人文件。创建系统还原点的方法非常简单，下面将详细介绍创建系统还原点的具体操作方法。

图 15-30

01 单击【开始】按钮

No.1 在 Windows 7 系统桌面上单击【开始】按钮。

No.2 在弹出的菜单中选择【控制面板】菜单项，如图 15-30 所示。

图 15-31

02 单击【系统】链接

弹出【控制面板】窗口，单击【系统】链接，如图 15-31所示。

图 15-32

03 单击【系统保护】链接

在弹出的【系统】窗口中单击【系统保护】链接，如图 15-32 所示。

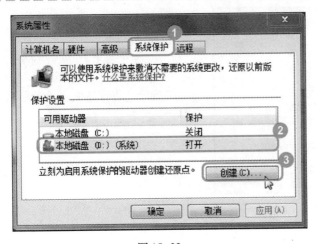

图 15-33

04 弹出【系统属性】对话框

No1 弹出【系统属性】对话框，选择【系统保护】选项卡。

No2 在【保护设置】区域中选择准备保护的磁盘。

No3 单击【创建】按钮，如图 15-33 所示。

图 15-34

05 完成创建

当前界面显示"已成功创建还原点"，通过以上步骤即可完成创建系统还原点的操作，如图 15-34 所示。

15.2.3 系统还原

使用系统还原功能可以在不影响个人文件的情况下撤销对计算机所进行的系统更改，并且还可以依据还原点将计算机的系统文件及时还原到早期设置，下面详细介绍系统还原的操作方法。

图 15-35

01 单击【开始】按钮

No1 单击【开始】按钮。

No2 在【开始】菜单中选择【附件】菜单项。

No3 选择【系统工具】菜单项。

No4 选择【系统还原】菜单项，如图 15-35 所示。

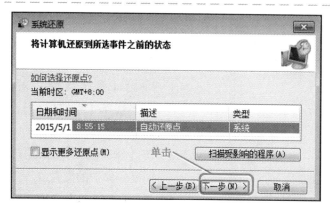

图 15-36

02 弹出【将计算机还原到所选事件之前的状态】窗口

弹出【将计算机还原到所选事件之前的状态】窗口，单击【下一步】按钮，如图 15-36 所示。

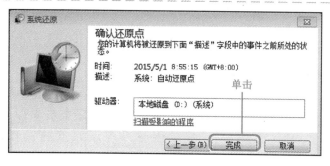

图 15-37

03 弹出【确认还原点】窗口

弹出【确认还原点】窗口，单击【完成】按钮，通过以上步骤即可完成系统还原的操作，如图 15-37 所示。

Section
15.3　使用 Windows 7 防火墙

本节导读

在 Windows 7 操作系统中内置了防火墙功能，用户可以通过定义防火墙拒绝网络中的非法访问，从而主动防御病毒的入侵，本节主要介绍如何使用 Windows 7 防火墙。

15.3.1　启用 Windows 防火墙

防火墙（firewall）是一项协助确保信息安全的设备，会依照特定的规则允许或限制传输的数据通过。防火墙可以是一台专属的硬件也可以是架设在一般硬件上的一套软件。Windows 防火墙顾名思义就是在 Windows 操作系统中系统自带的软件防火墙。防火墙最基本的功能就是控制在计算机网络中不同信任程度区域间传送的数据流，下面详细介绍启动 Windows 防火墙的详细操作步骤。

图 15-38

01　单击【开始】按钮

No1　在 Windows 7 系统桌面上单击【开始】按钮。

No2　在弹出的菜单中选择【控制面板】菜单项，如图 15-38 所示。

图 15-39

02　弹出【控制面板】窗口

弹出【控制面板】窗口，单击【Windows 防火墙】链接，如图 15-39 所示。

图 15-40

03　弹出【Windows 防火墙】窗口

弹出【Windows 防火墙】窗口，在窗口任务窗格【控制面板主页】中单击【打开或关闭 Windows 防火墙】链接，如图 15-40 所示。

图 15-41

04 弹出窗口

No1 在弹出的【自定义设置】窗口中选择【启用 Windows 防火墙】单选按钮。

No2 单击【确定】按钮既可完成启用 Windows 防火墙的操作，如图 15-41 所示。

15.3.2　设置 Windows 防火墙

在启动 Windows 防火墙后，用户应该学会如何设置 Windows 防火墙，下面介绍设置 Windows 防火墙的操作方法。

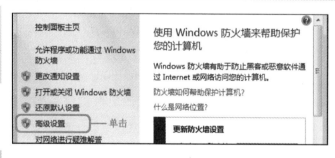

图 15-42

01 打开【Windows 防火墙】窗口

打开【Windows 防火墙】窗口，在【控制面板主页】区域中单击【高级设置】链接，如图 15-42 所示。

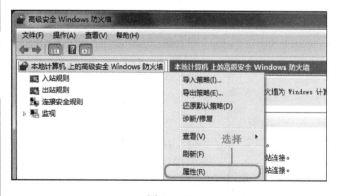

图 15-43

02 弹出窗口

弹出【高级安全 Windows 防火墙】窗口，右击【本地计算机上的高级安全 Windows 防火墙】选项，在弹出的菜单中选择【属性】菜单项，如图 15-43 所示。

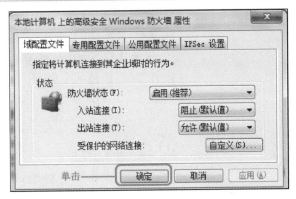

图 15-44

03 弹出对话框

弹出【本地计算机上的高级安全 Windows 防火墙属性】对话框，单击【确定】按钮，通过以上步骤即可完成设置 Windows 防火墙的操作，如图 15-44 所示。

知识精讲

在【本地计算机上的高级安全 Windows 防火墙属性】对话框中选择【IPSec】选项卡可以自定义设置 IPSec 密钥交换。

Section
15.4 实践案例与上机操作

本节导读

通过本章的学习，用户可以掌握电脑安全与病毒防范方面的知识及操作，下面通过几个实践案例进行上机操作，以达到巩固学习、拓展提高的目的。

15.4.1 关闭自动更新功能

关闭自动更新功能的方法很简单，下面介绍关闭自动更新功能的操作方法。

图 15-45

01 单击【开始】按钮

No1 在 Windows 7 系统桌面上单击【开始】按钮。

No2 在弹出的菜单中选择【控制面板】菜单项，如图 15-45 所示。

图 15-46

02 弹出窗口

弹出【控制面板】窗口，单击【操作中心】链接，如图 15-46 所示。

图 15-47

03 进入窗口

进入【操作中心】窗口，单击窗口左侧的【Windows Update】链接，如图 15-47 所示。

图 15-48

04 进入【Windows Update】窗口

进入【Windows Update】窗口，单击左侧的【更改设置】链接，如图 15-48 所示。

图 15-49

05 进入界面

No1 进入【选择 Windows 安装更新的方法】界面，在【重要更新】下拉列表框中选择【从不检查更新（不推荐）】选项。

No2 单击【确定】按钮即可完成关闭自动更新功能的操作，如图 15-49 所示。

15.4.2 使用 360 安全卫士给电脑进行体检

使用体检功能可以全面检查电脑的各项状况，体检完成后会提交给用户一份优化电脑的意见，用户可以根据需要对电脑进行优化，通过体检可以使用户快速、全面地了解电脑，并且可以提醒用户对电脑做一些必要的维护，如木马查杀、垃圾清理、漏洞修复等。定期体检可以有效地保持电脑的健康，下面介绍使用360安全卫士对电脑进行体检的方法。

图 15-50

01　单击【立即体检】按钮

启动 360 安全卫士，弹出"电脑已经4天未体检，建议立即体检！"的提示，单击【立即体检】按钮，如图 15-50 所示。

图 15-51

02　单击【一键修复】按钮

开始体检，体检完成后弹出"电脑存在垃圾，建议立即修复"提示，单击【一键修复】按钮，如图 15-51 所示。

图 15-52

03　完成体检

修复完成，通过以上步骤即可完成使用 360 安全卫士进行电脑体检的操作，如图 15-52 所示。